右ページは解答や解説。「短文」でスッキリ繰り返しやすい

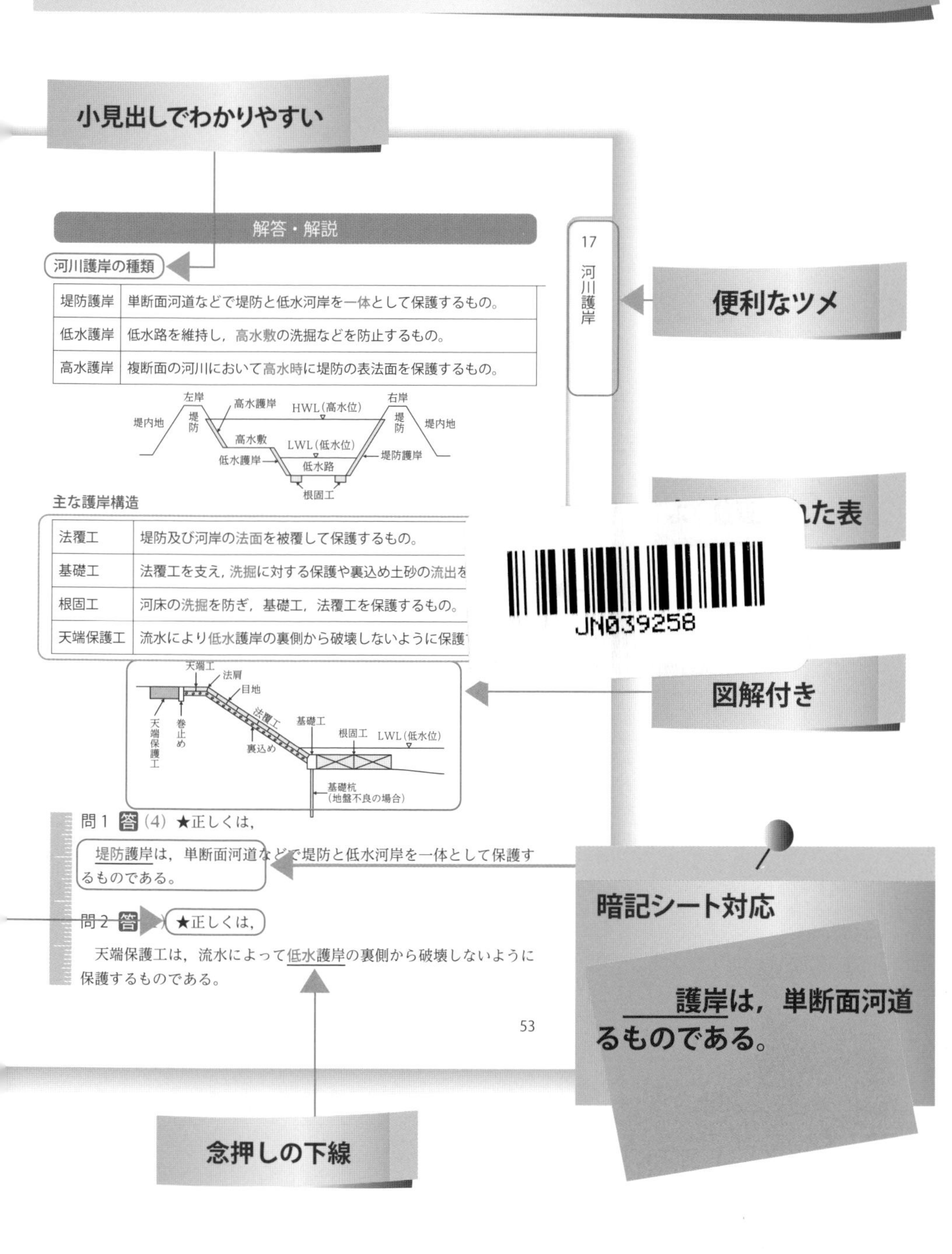

2023年版

土木施工管理技術検定
一次・二次検定
標準問題集

コンデックス情報研究所［編著］

目　次

第一次検定

第1章　土木工学等

第2章　法規

第3章　施工管理法

第4章　基礎的な能力

第二次検定

2級土木施工管理技術検定試験ガイド

【試験日及び合格発表日（例年）】

「第一次検定（前期）」（種別は土木のみ）

試験日：6月上旬　**合格発表日**：7月上旬

「第一次検定（後期），第一次検定・第二次検定（同日受検），第二次検定」

試験日：10月下旬

合格発表日：**第一次検定（後期）**　翌年1月中旬

第一次検定・第二次検定（同日受検），第二次検定　翌年2月上旬

【受検資格】

第一次検定：試験年度の末日における年齢が17歳以上の者

第二次検定：次のイ，ロのいずれかに該当する者

イ：2級土木施工管理技術検定・第一次検定の合格者で，次のいずれかに該当する者

学　歴	土木施工に関する実務経験年数	
	指定学科	指定学科以外
大学卒業者 専門学校卒業者（「高度専門士」に限る）	卒業後1年以上	卒業後1年6月以上
短期大学卒業者 高等専門学校卒業者 専門学校卒業者（「専門士」に限る）	卒業後1年以上	卒業後3年以上
高等学校卒業者 中等教育学校卒業者 専門学校卒業者（「高度専門士」「専門士」を除く」）	卒業後3年以上	卒業後4年6月以上
その他の者	8年以上	

（注1）上記の実務経験年数については，当該種別の実務経験年数。

（注2）実務経験年数の算定基準日：上記の実務経験年数は，2級第二次検定の前日までで計算する。

ロ：第一次検定免除者

※実務経験，指定学科，第一次検定免除者，試験スケジュール等については，下記試験実施団体のホームページで確認してください。

【検定試験についての問合せ先】

一般財団法人 全国建設研修センター　試験業務局土木試験部土木試験課

TEL　042-300-6860

https://www.jctc.jp/exam/doboku-2

本書で使用している単位記号

単位	読み	意味
℃	度	セルシウス温度
dB	デシベル	音圧，騒音・振動の大きさ
Kg t	キログラム トン	質量
kg/m^2	キログラム毎平方メートル	単位面積質量
kN/m^2	キロニュートン毎平方メートル	コーン指数
L/m^2	リットル毎平方メートル	単位面積容量
m^3	立方メートル	体積
m^3/h	立方メートル毎時	ブルドーザの1時間当たり作業量
mm cm m	ミリメートル センチメートル メートル	長さ
min	分	時間の「分」
N/mm^2	ニュートン毎平方ミリメートル	単位面積当たりの力の大きさ

第一次検定　第 1 章

土木工学等

土木一般

1　土質調査

問１
★★

土質調査に関する次の試験方法のうち，**原位置試験**はどれか。

(1) 土の含水比試験

(2) 一軸圧縮試験

(3) スウェーデン式サウンディング試験

(4) 土の液性限界・塑性限界試験

問２
★★★

土質試験における「試験名」とその「試験結果の利用」に関する次の組合せのうち，**適当でないもの**はどれか。

	[試験名]	[試験結果の利用]
(1)	標準貫入試験	地盤の支持力の判定
(2)	CBR試験	岩の分類の判断
(3)	土の圧密試験	粘性土地盤の沈下量の推定
(4)	砂置換法による土の密度試験	土の締まり具合の判定

解答・解説

主な原位置試験

試験名	試験結果の利用
標準貫入試験	地盤支持力の判定
スウェーデン式サウンディング試験	土の硬軟・締まり具合の判定
平板載荷（へいばんさいか）試験	締固めの施工管理
単位体積質量試験（砂置換，コアカッター，RI計器）	締固めの施工管理
現場透水（とうすい）試験	地盤改良工法の決定
現場 CBR 試験	締固めの施工管理

主な室内試験

試験名	試験結果の利用
含水比試験	土の締固め管理
コンシステンシー試験（液性限界，塑性限界試験）	盛土材料の適否の判定
せん断試験（一軸圧縮試験等）	支持力の推定
圧密試験	粘性土地盤の沈下量の推定
室内 CBR 試験	舗装の厚さの設計

問１ **答**（3）★補足すると，

（1）（2）（4）は室内試験である。

問２ **答**（2）★正しくは，

CBR 試験は，支持力値（CBR）を測定する試験であり，現場で直接測定して締固め施工管理に用いられる現場試験と，舗装の厚さの設計に用いられる室内試験がある。

土木一般

2　建設機械

問１
★★

「土工作業の種類」と「使用機械」に関する次の組合せのうち，**適当でないもの**はどれか。

［土工作業の種類］　　　　［使用機械］

(1) 溝掘り……………………………バックホウ
(2) 伐開除根…………………………ブルドーザ
(3) 運搬………………………………トラクターショベル
(4) 水中掘削 ………………………クラムシェル

問２
★★

「土工作業の種類」と「使用機械」に関する次の組合せのうち，**適当でないもの**はどれか。

［土工作業の種類］　　　　［使用機械］

(1) 締固め……………………………ロードローラ
(2) 溝掘り ……………………………トレンチャ
(3) 掘削・運搬………………………モーターグレーダ
(4) 締固め……………………………振動ローラ

解答・解説

掘削機械

機械名	用　途
バックホゥ	掘削，伐開除根，積込み
クラムシェル	基礎掘削，水中掘削
トラクターショベル	掘削，積込み
トレンチャ	溝掘り

掘削・運搬・敷均し機械

機械名	用　途
ブルドーザ	掘削，押土，伐開除根，運搬
モーターグレーダ	敷均し，整地
スクレーパ	掘削，運搬

締固め機械

- ロードローラ　• タイヤローラ　• 振動ローラ　• タンパ

問１ 答 (3) ★正しくは，

トラクターショベルは，掘削，積込みに用いられる。

問２ 答 (3) ★正しくは，

モーターグレーダは，敷均し，整地に用いられる。

トラクターショベル

モーターグレーダ

土木一般

3　盛土工

問１　★★★

道路土工の盛土材料として望ましい条件に関する次の記述のうち，**適当でないもの**はどれか。

(1) 粒度配合のよい礫質土や砂質土であること。

(2) 敷均しや締固めがしやすいこと。

(3) 締固め後のせん断強度が高く，圧縮性が小さいこと。

(4) 建設機械のトラフィカビリティーが確保しにくいこと。

問２　★★

盛土の施工に関する次の記述のうち，**適当でないもの**はどれか。

(1) 盛土工における構造物縁部の締固めは，ランマなど小型の締固め機械により入念に締め固める。

(2) 盛土の施工で重要な点は，盛土材料を水平に敷き均すことと，均等に締め固めることである。

(3) 盛土の施工における盛土材料の敷均し厚さは，路体より路床の方を厚くする。

(4) 盛土の締固めの効果や特性は，土の種類及び含水状態及び施工方法によって大きく変化する。

解答・解説

盛土材料に求められる性質

- トラフィカビリティーが確保しやすい。
※トラフィカビリティー…建設機械の走行性の良否を表す。
- 敷均し・締固めが容易。
- 粒度配合がよい。
- 締固め後の膨張が小さい。
- 盛土完成後の圧縮性が小さい。
- 盛土完成後のせん断強さが大きい。

盛土の施工

- 盛土の施工に先立ち，その基礎地盤が盛土の完成後に不同沈下や破壊を生ずるおそれがないか検討する。
- 建設機械のトラフィカビリティーが得られない軟弱地盤では，あらかじめ地盤改良などの対策を行う。

敷均し	• 水平に敷き均す。 • 敷均し厚さは，材料，締固め機械，施工法などの条件に左右される。 • 敷均し厚さは，路床より路体を厚くする。
締固め	• 均等に締め固める。 • 締固めの効果や特性は，土の種類・含水状態・施工方法により大きく変化する。 • 構造物縁部の締固めは，小型の締固め機械により入念に締め固める。

問 1 答 (4) ★正しくは，

盛土材料には，トラフィカビリティーが確保しやすいことが求められる。

問 2 答 (3) ★正しくは，

盛土材料の敷均し厚さは，路床より路体の方を厚くする。

土木一般

4　軟弱地盤対策

問1　★★★

軟弱地盤における次の改良工法のうち，固結工法に**該当するもの**はどれか。

(1) プレローディング工法

(2) 石灰パイル工法

(3) バーチカルドレーン工法

(4) サンドコンパクションパイル工法

問2　★★

地盤改良工法に関する次の記述のうち，**適当でないもの**はどれか。

(1) プレローディング工法は，地盤上にあらかじめ盛土等によって載荷を行う工法である。

(2) 薬液注入工法は，地盤に薬液を注入して，地盤の強度を増加させる工法である。

(3) ウェルポイント工法は，地下水位を低下させ，地盤の強度の増加を図る工法である。

(4) サンドマット工法は，地盤を掘削して，良質土に置き換える工法である。

解答・解説

主な軟弱地盤対策工法

表層処理工法	• サンドマット工法
置換工法	• 掘削置換工法
載荷工法	• プレローディング工法
バーチカルドレーン工法	• サンドドレーン工法
締固め工法	• サンドコンパクションパイル工法 • バイブロフローテーション工法
固結工法	• 深層混合処理工法 • 石灰パイル工法 • 薬液注入工法
地下水位低下（脱・排水）工法	• ウェルポイント工法 • ディープウェル工法

その他の工法

押え盛土工法	盛土の側方に押え盛土をする。
グラベルドレーン工法	液状化のおそれがある砂質土地盤中に，鉛直な排水柱を設ける。

問 1 答 (2) ★補足すると，

(1) プレローディング工法は載荷工法，(4) サンドコンパクションパイル工法は締固め工法である。

問 2 答 (4) ★正しくは，

地盤を掘削して，良質土に置き換えるのは，掘削置換工法である。サンドマット工法は，軟弱地盤上に敷砂を敷設する工法である。

土木一般

5　骨材・混和材料

問１
★★

コンクリートで使用される骨材の性質に関する次の記述のうち，**適当でないもの**はどれか。

(1) 骨材の粒形は，球形よりも偏平や細長がよい。

(2) ロサンゼルス試験機を用いた場合のすりへり減量は，その量が小さいほど良質な骨材である。

(3) 吸水率が大きい骨材を用いたコンクリートは，耐凍害性が低下する。

(4) 骨材の粒度は，粗粒率で表され，粗粒率が大きいほど粒度が大きい。

問２
★★

コンクリートの混和材料に関する次の記述のうち，**適当でないもの**はどれか。

(1) ポゾランは，水酸化カルシウムと常温で徐々に不溶性の化合物となる混和材の総称であり，ポリマーはこの代表的なものである。

(2) 減水剤は，コンクリートの単位水量を減らすことができる。

(3) フライアッシュは，セメントの使用量が節約でき，コンクリートのワーカビリティーをよくできる。

(4) AE剤は，微小な独立した空気のあわを分布させ，コンクリートの凍結融解に対する抵抗性を増大させる。

解答・解説

骨材の性質

粒形	偏平や細長よりも球形に近いほどよい。
粒度	粗粒率が大きいほど粒度が大きい。
密度	表乾状態，絶乾状態における密度である。 ※表乾状態…骨材の表面のみが乾燥した状態。 ※絶乾状態…110 ℃で乾燥させ，骨材内部にも水が存在しない状態。
吸水量	絶乾状態から表乾状態になるまで吸水する水量。
吸水率	吸水率が大きい骨材を用いたコンクリートは耐凍害性が低下する。
すりへり減量	すりへり減量が大きい骨材を用いたコンクリートは，コンクリートのすりへり抵抗性が低下する。

混和材料

AE 剤	微小な独立した空気のあわを分布させ，耐凍害性を向上させる。	
減水剤	単位水量を減らすことができる。	
ポゾラン	フライアッシュ	単位水量を減らし，発熱特性を改善させる。
	シリカフューム	強度増加が著しいが，単位水量が増加し，乾燥収縮の増加につながる。
高炉スラグ微粉末	水密性を高め，塩化物イオンなどのコンクリート中への浸透を抑える。	
膨張材	乾燥収縮，硬化収縮によるひび割れの発生を低減する。	

問1 答 (1) ★正しくは，

骨材の粒形は，偏平や細長よりも球形がよい。

問2 答 (1) ★正しくは，

ポゾランは，水酸化カルシウムと常温で徐々に不溶性の化合物となる混和材の総称であり，フライアッシュはこの代表的なものである。

土木一般

6 コンクリート

問１ ★★

コンクリート用セメントに関する次の記述のうち，**適当でないもの**はどれか。

(1) 中庸熱ポルトランドセメントは，ダムなどのマスコンクリートに適している。

(2) セメントは，水と接すると水和熱を発しながら徐々に硬化していく。

(3) セメントは，風化すると密度が大きくなる。

(4) 粉末度とは，セメント粒子の細かさを示すもので，粉末度の高いものほど水和作用が早くなる。

問２ ★★★

コンクリートの配合に関する次の記述のうち，**適当でないもの**はどれか。

(1) コンクリートの単位水量の上限は，175kg/m^3を標準とする。

(2) コンクリートの空気量は，耐凍害性が得られるように４～７％を標準とする。

(3) スランプは，運搬，打込み，締固めなどの作業に適する範囲内でできるだけ小さくする。

(4) 水セメント比は，コンクリートの強度，耐久性や水密性などを満足する値の中から大きい値を選定する。

解答・解説

セメントの性質

- セメントは，水と接すると水和熱を発しながら徐々に硬化する。
- 水和作用による凝結は，一般に使用時の温度が高いほど早くなる。
- セメントの密度は，化学成分によって変化し，風化すると，その値は小さくなる。

配合設計

粗骨材の最大寸法	• 鉄筋の最小あき及びかぶりの $\frac{3}{4}$ 以下とする。
スランプ	• 運搬，打込み，締固めなどの作業に適する範囲内で，できるだけ小さくする。
空気量	• 練上がり時においてコンクリートの容積の 4 ～ 7 %を標準とする。
水セメント比	• 原則として 65 %以下とする。 • コンクリートの強度・耐久性・水密性などを満足する値の中から最小の値を選定する。
単位水量	• 作業ができる範囲内で，できるだけ小さくする。 • 上限は 175 kg/m^3 とする。
細骨材率	• 所要のワーカビリティーが得られる範囲内で，単位水量が最小となるように定める。
単位セメント量	• 下限値は，粗骨材の最大寸法に応じて 250 kg/m^3 ないし 270 kg/m^3 とする。
塩化物量	• 原則として 0.30 kg/m^3 以下とする。

問 1 答 (3) ★正しくは，

セメントは，風化すると密度が小さくなる。

問 2 答 (4) ★正しくは，

水セメント比は，コンクリートの強度，耐久性や水密性などを満足する値の中から最小の値を選定する。

土木一般

6 コンクリート

問3
★★★

フレッシュコンクリートに関する次の記述のうち，**適当でないもの**はどれか。

(1) ブリーディングは，練混ぜ水の一部の表面水が内部に浸透する現象である。

(2) コンシステンシーは，変形あるいは流動に対する抵抗の程度を表す性質である。

(3) スランプは，軟らかさの程度を示す指標である。

(4) ワーカビリティーは，打込み・締固め・仕上げなどの作業の容易さを表す性質である。

問4
★★

各種コンクリートに関する次の記述のうち，**適当でないもの**はどれか。

(1) 暑中コンクリートの打込みを終了したときは，速やかに養生を開始する。

(2) 膨張コンクリートは，膨張材を使用し，おもに乾燥収縮にともなうひび割れを防ごうとするものである。

(3) マスコンクリートでは，セメントの水和熱による構造物の温度変化によるひび割れに対する注意が必要である。

(4) 寒中コンクリートは，セメントを直接加熱し，打込み時に所定のコンクリートの温度を得るようにする。

解答・解説

コンクリートに関する用語

コンシステンシー	変形または流動に対する抵抗性。
スランプ	軟らかさの程度を示す指標。
ブリーディング	固体材料の沈降または分離によって，練混ぜ水の一部が遊離して表面に上昇する現象。
水セメント比	フレッシュコンクリートに含まれるセメントペースト中の水とセメントの質量比。
ワーカビリティー	コンクリートの打込み，締固めなどの作業のしやすさ。

各種コンクリート

寒中コンクリート	• ポルトランドセメントと AE 剤を使用するのが標準で，単位水量はできるだけ少なくする。 • 材料を加熱する場合は，水を加熱し，セメントを直接加熱してはならない。 • 保温養生を終了する場合は，急冷しないように注意する。
暑中コンクリート	• 日平均気温が 25 ℃を超えると想定される場合に施工する。 • 打込みを終了したときは，速やかに養生を開始する。
マスコンクリート	• セメントの水和熱によるひび割れに注意する。
水中コンクリート	• 静水中で材料が分離しないよう，原則としてトレミー管を用いる。

問 3 答 (1) ★正しくは，

ブリーディングは，練混ぜ水の一部が遊離して表面に上昇する現象をいう。

問 4 答 (4) ★正しくは，

寒中コンクリートは，セメントを直接加熱してはならない。

土木一般

7　コンクリートの施工

問1 ★★★

コンクリートの施工に関する次の記述のうち，**適当でないもの**はどれか。

(1) 現場内においてコンクリートをバケットを用いてクレーンで運搬する方法は，コンクリートに振動を与えることが少ない。
(2) コンクリートポンプでの圧送は，できるだけ連続的に行う。
(3) コンクリートの練混ぜから打ち終わるまでの時間は，気温が 25 ℃以下のときは2時間以内とする。
(4) コンクリートの練混ぜから打ち終わるまでの時間は，気温が 25 ℃を超えるときは3時間以内とする。

問2 ★★★

コンクリートの打込みに関する次の記述のうち，**適当なもの**はどれか。

(1) シュートを用いて打込む場合には，コンクリートの材料分離を起こしにくい斜めシュートを用いる。
(2) コンクリート打込み中にコンクリート表面に集まったブリーディング水は，仕上げを容易にするために，そのまま残しておく。
(3) コンクリートを直接地面に打ち込む場合には，あらかじめ均しコンクリートを敷いておく。
(4) コンクリートを打ち込む際は，1層当たりの打込み高さを 80 cm 以下とする。

解答・解説

練混ぜから打ち終わるまでの時間

外気温 25 ℃以下	2 時間以内
外気温 25 ℃超	1.5 時間以内

コンクリートの打込み

- コンクリートと接して吸水するおそれのある型枠の部分は，打込み前に湿らせておく。
- 1 層当たりの打込み高さは，40 ~ 50 cm 以下とする。
- 高所からの打込みは，原則として縦シュートとする。
- 打ち込んだコンクリートは，型枠内で横移動させてはならない。
- 打込み中にコンクリート表面にたまったブリーディング水は，適当な方法で取り除く。

許容打重ね時間間隔

外気温 25 ℃以下	2.5 時間以内
外気温 25 ℃超	2.0 時間以内

問 1 答 (4) ★正しくは，

コンクリートの練混ぜから打ち終わるまでの時間は，気温が 25 ℃を超えるときは 1.5 時間以内とする。

問 2 答 (3) ★正しい (1) (2) (4) は，

(1) シュートを用いて打込む場合には，コンクリートの材料分離を起こしにくい縦シュートを用いる。

(2) コンクリート打込み中にコンクリート表面に集まったブリーディング水は，適当な方法で取り除いてから，コンクリートを打ち込む。

(4) コンクリートを打ち込む際は，1 層当たりの打込み高さを 40 ~ 50 cm 以下とする。

土木一般

7　コンクリートの施工

問３　★★★

コンクリートの締固めに関する次の記述のうち，**適当でないもの**はどれか。

(1) 内部振動機で締固めを行う際は，下層のコンクリート中に10 cm程度挿入する。

(2) コンクリートの締固めには，内部振動機を用いることを原則とし，内部振動機の使用が困難な場所には型枠振動機を使用してもよい。

(3) 内部振動機で締固めを行う際の挿入時間の標準は，50～60秒程度である。

(4) 再振動を行う場合には，コンクリートの締固めが可能な範囲でできるだけ遅い時期に行う。

問４　★★

コンクリートの仕上げと養生に関する次の記述のうち，**適当でないもの**はどれか。

(1) 打上り面の表面仕上げは，コンクリートの上面に，しみ出た水がなくなるか又は上面の水を取り除いてから行う。

(2) 養生では，コンクリートを乾燥状態に保つことが重要である。

(3) 養生は，十分硬化するまで衝撃や余分な荷重を加えずに風雨，霜，直射日光から露出面を保護することである。

(4) 湿潤養生は，打込み後のコンクリートを十分に保護し，硬化作用を促進させるとともに乾燥によるひび割れなどができないようにする。

解答・解説

コンクリートの締固め

- コンクリートの締固めには，内部振動機（棒状バイブレータ）を用いることを原則とし，内部振動機の使用が困難な場所には型枠振動機を使用してもよい。
- 内部振動機で締固めを行う際は，下層のコンクリート中に10 cm程度挿入する。
- 内部振動機で締固めを行う際の挿入時間の標準は，5～15秒程度である。
- 内部振動機は，コンクリートに穴を残さないように，ゆっくりと引き抜く。
- 再振動を行う場合には，コンクリートの締固めが可能な範囲でできるだけ遅い時期に行う。

仕上げと養生

- 打上り面の表面仕上げは，コンクリートの上面にしみ出た水がなくなるか，または上面の水を取り除いてから行う。
- 滑らかで密実な表面を必要とする場合には，コンクリート打込み後，作業が可能な範囲でできるだけ遅い時期に，金ごてで強い力を加えてコンクリート上面を押して仕上げる。
- 養生は，十分硬化するまで衝撃や余分な荷重を加えずに風雨，霜，直射日光から露出面を保護することである。
- 養生では，コンクリートを湿潤状態に保つことが重要である。

問3 **答** (3) 正しくは，

内部振動機で締固めを行う際の挿入時間の標準は，5～15秒程度である。

問4 **答** (2) 正しくは，

養生では，コンクリートを湿潤状態に保つことが重要である。

土木一般

8　鉄筋・型枠

問１ ★★★

鉄筋の加工及び組立に関する次の記述のうち，**適当でないもの**はどれか。

(1) 型枠に接するスペーサは，モルタル製あるいはコンクリート製を原則とする。

(2) 組立後に鉄筋を長期間大気にさらす場合は，鉄筋表面に防錆処理を施す。

(3) 曲げ加工した鉄筋を曲げ戻すと材質を害するおそれがあるため，曲げ戻しはできるだけ行わないようにする。

(4) 径の太い鉄筋などを熱して加工するときは，加熱温度を十分管理し加熱加工後は急冷させる。

問２ ★★★

型枠の施工に関する次の記述のうち，**適当でないもの**はどれか。

(1) 型枠のすみの面取り材設置は，供用中のコンクリートの角の破損を防ぐ効果がある。

(2) 型枠の施工は，所定の精度内におさまるよう加工及び組立をする。

(3) コンクリート打込み中は，型枠のはらみ，モルタルの漏れなどの有無の確認をする。

(4) 型枠内面には，流動化剤を塗布することにより型枠の取外しを容易にする効果がある。

解答・解説

鉄筋の加工・組立

- 鉄筋は，常温で曲げ加工するのを原則とする。
- 曲げ戻しはできるだけ行わない。
- 径の太い鉄筋などの加熱加工後は，急冷させない。
- 組立て前に，浮きさびなど，鉄筋とコンクリートの付着を害するおそれのあるものは除去する。
- 組立後に鉄筋を長期間大気にさらす場合は，鉄筋表面に防錆処理を施す。
- 鉄筋の重ね継手は，焼なまし鉄線で数箇所緊結する。
- 継手箇所は，同一の断面に集めないようにする。
- 型枠に接するスペーサは，モルタル製あるいはコンクリート製を原則とする。

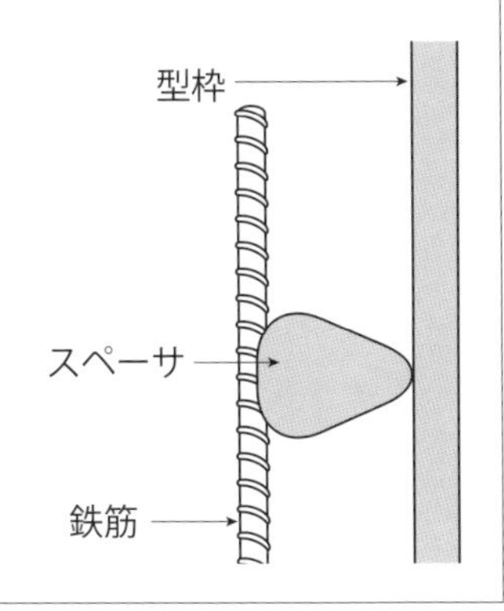

型枠の施工

- 型枠内面には，型枠をはがしやすくするため，はく離剤を塗布する。
- コンクリート打込み中は，型枠のはらみ，モルタルの漏れなどの有無の確認をする。
- 型枠の取外しは，荷重のかからない部分を優先する。

問 1 **答** (4) ★正しくは，

径の太い鉄筋などを熱して加工するときは，加熱温度を十分管理し加熱加工後は急冷させない。

問 2 **答** (4) ★正しくは，

型枠内面には，はく離剤を塗布することにより型枠の取外しを容易にする効果がある。

土木一般

9　既製杭の施工

問１ ★★

既製杭工法の杭打ち機の特徴に関する次の記述のうち，**適当なもの**はどれか。

(1) ドロップハンマは，ハンマを落下させて打ち込むが，ハンマの重量は杭の重量以下が望ましい。

(2) バイブロハンマは，振動と振動機・杭の重量によって杭を地盤に貫入させる。

(3) ディーゼルハンマは，蒸気の圧力によって打ち込むもので，騒音・振動が小さい。

(4) 油圧ハンマは，低騒音で油の飛散はないが，打込み時の打撃力を調整できない。

問２ ★★★

既製杭の打込み杭工法に関する次の記述のうち，**適当でないもの**はどれか。

(1) 打込み杭工法では，1本の杭を打ち込むときは連続して行うことを原則とする。

(2) 打込み杭工法では，杭の貫入量とリバウンド量により支持力の確認が可能である。

(3) 1群の杭を打つときは，周辺部の杭から中心部の杭へと順に打ち込むようにする。

(4) 打撃工法における打込み精度は，建込み精度により大きく左右される。

解答・解説

杭打ち機の特徴

ドロップハンマ	• ハンマを自然落下させて杭を打撃する。 • ハンマの重量は，杭の重量以上，あるいは杭 1 m あたりの重量の 10 倍以上とする。
ディーゼルハンマ	• 圧縮・爆発により杭を打ち込み，硬い地盤に適するが，打撃音が大きい。
バイブロハンマ	• 杭を上下方向に振動させて打ち込む。 • 打込み・引抜に兼用できる。
油圧ハンマ	• ラムの落下高さを調整でき，杭打ち時の騒音を低減できる。 • 油煙の飛散が少ない。

打込み杭工法

- 1 本の杭を打ち込むときは連続して行うことを原則とする。
- 1 群の杭を打つときは，中心部の杭から周辺部の杭へと順に打ち込むようにする。
- 打込み途中で一時休止すると，時間の経過とともに地盤が締まり，打込みが困難になる。
- 杭の貫入量とリバウンド量により，支持力の確認が可能である。

問 1 答 (2) ★正しい (1) (3) (4) は，

(1) ドロップハンマのハンマの重量は，杭の重量以上とする。
(3) ディーゼルハンマは，騒音・振動が大きい。
(4) 油圧ハンマは，ラムの落下高さを調整することにより，打込み時の打撃力を調整できる。

問 2 答 (3) ★正しくは，

1 群の杭を打つときは，中心部の杭から周辺部の杭へと順に打ち込むようにする。

土木一般

9　既製杭の施工

問3 ★★★

既製杭の中掘り杭工法に関する次の記述のうち，**適当でないもの**はどれか。

(1) 中掘り杭工法は，原則として，過大な先掘りを行ってはならない。

(2) 中掘り杭工法は，一般に打込み杭工法に比べて隣接構造物に対する影響が大きい。

(3) 中掘り杭工法は，既製杭の中空部をアースオーガで掘削しながら杭を地盤に貫入させていくものである。

(4) 中掘り杭工法における杭の沈設方法には，掘削と同時に杭体を回転させながら圧入させる方法がある。

問4 ★★

既製杭の施工に関する次の記述のうち，**適当でないもの**はどれか。

(1) 杭の打込み精度とは，杭の平面位置，杭の傾斜，杭軸の直線性などの精度をいう。

(2) 中掘り杭工法における先端処理方法には，最終打撃方式，セメントミルク噴出攪拌方式，コンクリート打設方式がある。

(3) プレボーリング杭工法の杭の支持力を確保するためには，根固めにセメントミルクを注入する方法もある。

(4) セメントミルク噴出攪拌方式の杭先端根固部は，先掘り及び拡大掘りを行ってはならない。

解答・解説

中掘り杭工法

- 既製杭の中空部をアースオーガで掘削しながら杭を地盤に貫入させていく。
- 掘削・沈設中は，原則として，過大な先掘り，拡大掘りを行ってはならない。
- 最終打撃方式では，打止め管理式により支持力を推定することが可能である。
- セメントミルク噴出攪拌方式の根固め部は，先掘り，拡大掘りを行う。
- 泥水処理・排土処理が必要である。

プレボーリング杭工法（セメントミルク工法）

- 掘削孔内の地盤に根固め用セメントミルク（根固め液）及び杭周固定用セメントミルク（杭周固定液）を注入し，ソイルセメント状にした後に既製杭を沈設する。

中掘り杭工法と打込み杭工法の比較

中掘り杭工法は，打込み杭工法に比べ	• 支持力が小さい。 • 騒音，振動が小さい。 • 隣接構造物に対する影響が小さい。

問 3 答 (2) ★正しくは，

中掘り杭工法は，一般に打込み杭工法に比べて隣接構造物に対する影響が小さい。

問 4 答 (4) ★正しくは，

セメントミルク噴出攪拌方式では，根固め部において，所定の形状になるように先掘り，拡大掘りを行う。

土木一般　10　場所打ち杭の施工

問１ ★★★

場所打ち杭工法の特徴に関する次の記述のうち，**適当でないもの**はどれか。

(1) 施工時の騒音と振動が一般に小さい。

(2) 掘削土により，中間層や支持層の土質が確認できる。

(3) 杭材料の運搬などの取扱いや長さの調節が難しい。

(4) 大口径の杭を施工することにより，大きな支持力が得られる。

問２ ★★★

場所打ち杭の「工法名」と「掘削方法」に関する次の組合せのうち，**適当なもの**はどれか。

[工法名]　　　　　[掘削方法]

(1) リバース工法……………掘削孔の全長にわたりライナープレートを用いて孔壁の崩壊を防止しながら，人力又は機械で掘削する。

(2) アースドリル工法…………掘削孔に満たした水の圧力で孔壁を保護しながら，ドリリングバケットで掘削する。

(3) オールケーシング工法……ケーシングチューブを挿入して孔壁の崩壊を防止しながら，ハンマーグラブで掘削する。

(4) 深礎工法…………………アースドリルで掘削を行い，地表面からある程度の深さに達したらケーシングを挿入し，地山の崩壊を防ぎながら掘削する。

解答・解説

場所打ち杭工法の特徴

- 掘削土により，基礎地盤，中間層，支持層の土質が確認できる。
- 施工時の騒音と振動が一般に小さい。
- 大口径の杭を施工することにより大きな支持力が得られる。
- 杭材料の運搬や長さの調節が比較的容易である。

工法と掘削方法

工法名	掘削方法
オールケーシング工法	• ケーシングチューブを土中に挿入し，ケーシングチューブ内の土をハンマーグラブにより掘削，排土する。
アースドリル工法	• 表層ケーシングを建込み，孔内に注入した安定液の水圧で孔壁の崩壊を防ぎながら掘削する。
リバース工法	• スタンドパイプを建込み，掘削孔に満たした水の圧力で孔壁を保護しながら，水を循環させて削孔機で掘削する。
深礎工法	• 掘削孔の全長にわたりライナープレートを用いて孔壁の崩壊を防止しながら，人力または機械で掘削する。

問 1 答 (3) ★正しくは，

杭材料の運搬などの取扱いや長さの調節が比較的容易である。

問 2 答 (3) ★正しい (1) (2) (4) は，

(1) 深礎工法の説明である。
(2) リバース工法の説明である。
(4) アースドリル工法の説明である。

土木一般

10　場所打ち杭の施工

問３ ★★★

場所打ちコンクリート杭工法の工法名とその掘削や孔壁の保護に使用される主な機材との次の組合せのうち，**適当でないもの**はどれか。

[工法名]　　　　　　　　　　[主な機材]

(1) アースドリル工法……………………… アースドリル，ケーシング

(2) リバースサーキュレーション工法…… 削孔機，ケーシング

(3) 深礎工法………………………………… 掘削機械，土留材

(4) オールケーシング工法　………………ハンマーグラブ，ケーシングチューブ

問４ ★★★

アースドリル工法の掘削開始からコンクリート打込みまでの施工順序について，次の（イ），（ロ），（ハ）の作業項目の組合せのうち，**適当なもの**はどれか。

（イ）掘削完了　　（ロ）鉄筋建込み　　（ハ）表層ケーシング挿入

(1) 掘削開始→（イ）→（ロ）→（ハ）
→トレミー管挿入→コンクリート打込み

(2) 掘削開始→（イ）→（ハ）→（ロ）
→トレミー管挿入→コンクリート打込み

(3) 掘削開始→（ハ）→（イ）→（ロ）
→トレミー管挿入→コンクリート打込み

(4) 掘削開始→（ハ）→（ロ）→（イ）
→トレミー管挿入→コンクリート打込み

解答・解説

工法と主な機材

工法名	主な機材
オールケーシング工法	• ハンマーグラブ • ケーシングチューブ
アースドリル工法	• アースドリル　• ケーシング • 安定液
リバースサーキュレーション工法	• スタンドパイプ • 削孔機
深礎工法	• ライナープレート（土留め材） • 掘削機械

アースドリル工法の施工順序

①掘削開始 → ②表層ケーシング挿入 → ③掘削完了 → ④鉄筋建込み → ⑤トレミー管挿入 → ⑥コンクリート打込み

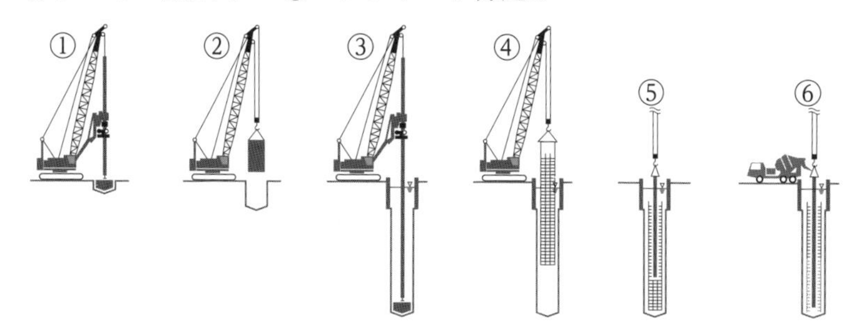

問 3 答 (2) ★正しくは,

リバースサーキュレーション工法では，ケーシングは用いず，スタンドパイプを使用する。

問 4 答 (3) ★補足すると,

掘削開始後は，表層ケーシング挿入 → 掘削完了 → 鉄筋建込み，とつづく。

土木一般

11　土留め工

問1 ★★

土留め壁の「種類」と「特徴」に関する次の組合せのうち，**適当なもの**はどれか。

[種類]　　　　　[特徴]

(1) 鋼矢板……………… 止水性が高く，施工が比較的容易である。

(2) 連続地中壁 …… あらゆる地盤に適用でき，他に比べ経済的である。

(3) 親杭・横矢板…… 止水性が高く，地下水のある地盤に適する。

(4) 柱列杭 ………… 剛性が小さいため，深い掘削にも適する。

問2 ★★★

下図に示す土留め工の（イ），（ロ）に示す部材名称に関する次の組合せのうち，**適当なもの**はどれか。

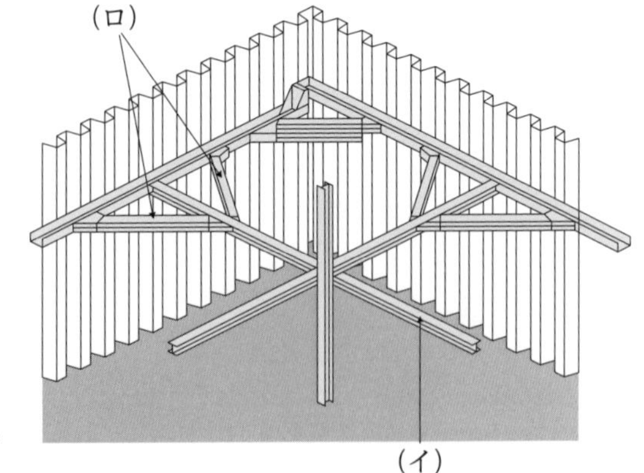

（イ）　　　　（ロ）

(1) 切ばり……… 腹起し

(2) 切ばり……… 火打ちばり

(3) 火打ちばり … 腹起し

(4) 腹起し……… 切ばり

解答・解説

土留め壁の種類と特徴

親杭・横矢板	止水性が劣るため，地下水のない地盤に適する。
鋼矢板	止水性が高く，施工は比較的容易である。
鋼管矢板	止水性があり，剛性が比較的大きいため，地盤変形が問題となる場合に適する。
柱列杭	剛性が大きいため，深い掘削にも適する。
連続地中壁	止水性を有し，剛性が大きいので大規模な開削工事に用いられる。

土留め工の部材名称

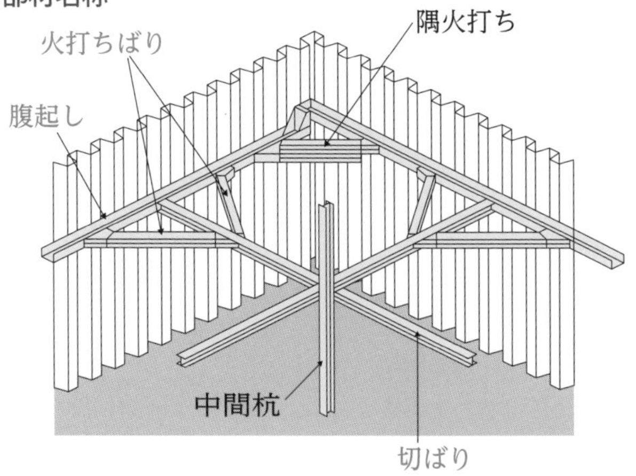

問１ **答** (1) ★ (2) (3) (4) の特徴は，

(2) 軟弱地盤には適用が難しく，また他に比べ経済的でもない。
(3) 止水性に劣り，地下水のない地盤に適する。
(4) 剛性が大きいため，深い掘削にも適する。

問２ **答** (2) ★補足すると，

腹起しは，矢板や親杭を支える横架材で，土留め壁と腹起しの間は裏込め材やパッキング材により密着させる。

専門
土木

12　鋼材

問1
★★

下図は，一般的な鋼材の応力度とひずみの関係を示したものであるが，次の記述のうち，**適当でないもの**はどれか。

(1) 点Pは，応力度とひずみが比例する最大限度で比例限度という。

(2) 点Eは，弾性変形をする最大限度という。

(3) 点Y_Uは，応力度が増えないのにひずみが急激に増加し始める点で上降伏点という。

(4) 点Uは，応力度が最大となる点で破壊強さという。

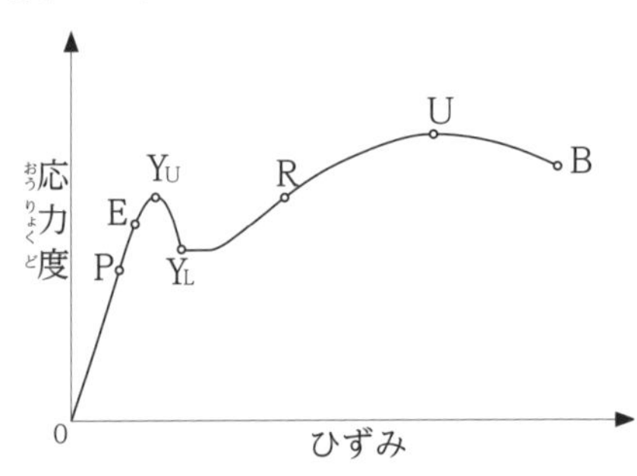

問2
★★★

鋼材に関する次の記述のうち，**適当でないもの**はどれか。

(1) 低炭素鋼は，延性，展性に富み溶接など加工性が優れているので，橋梁などに広く用いられている。

(2) 鋼材は，応力度が弾性限度に達するまでは塑性を示すが，それを超えると弾性を示す。

(3) 温度の変化などによって伸縮する橋梁の伸縮継手には，鋳鋼などが用いられる。

(4) 無塗装橋梁に用いられる耐候性鋼材は，炭素鋼にクロムやニッケルなどを添加している。

解答・解説

鋼材の応力度とひずみの関係

比例限度	応力度とひずみが比例する最大限度
弾性限度	荷重を取り去ればひずみが0に戻る弾性変形の最大限度
最大応力点	応力度が最大となる点
上降伏点	応力度が増えないのにひずみが急激に増加しはじめる点
下降伏点	上降伏点を過ぎて、応力一定でひずみが進行する部分の平均応力

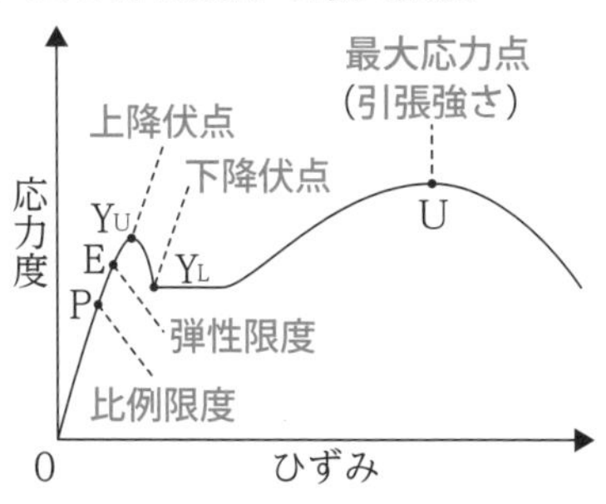

鋼材の特性

- 鋼材は，強さや伸びに優れ，加工性もよい。
- 鉄筋は，炭素鋼で展性，延性が大きく，加工が容易である。
- 低炭素鋼は，延性・展性に富み，溶接など加工性が優れるため，橋梁などに広く用いられる。
- 高炭素鋼は，表面硬さが必要なキー，ピン，工具に用いられる。
- 鋼材は，応力度が弾性限度に達するまでは弾性を示すが，それを超えると塑性を示す。
- 鋼材は,腐食が予想される場合,耐候性鋼などの防食性の高いものを用いる。
- 耐候性鋼材には，炭素鋼にクロムやニッケルなどを添加している。
- 温度の変化などによって伸縮する橋梁の伸縮継手には，鋳鋼などが用いられる。

※弾性・塑性…弾性とは，応力を加えたときに元に戻ろうとする性質，塑性とは，元に戻らずに変形が残る性質。

問1 答 (4) ★正しくは,

点Uは，最大応力度点で引張強さという。

問2 答 (2) ★正しくは,

鋼材は，応力度が弾性限度に達するまでは弾性を示すが，それを超えると塑性を示す。

専門
土木

13　鋼橋の架設工法

問1
★★★

鋼道路橋の架設工法に関する次の記述のうち，**適当でないもの**はどれか。

(1) トラベラークレーンによる片持ち式架設工法は，すでに架設した桁上に架設用クレーンを設置して部材をつり上げながら架設するもので，桁下の空間が利用できない場合に用いられる。

(2) クレーン車によるベント式架設工法は，橋桁をベントで仮受けしながら部材を組み立てて架設する工法で，自走クレーン車が進入できる場所での施工に適している。

(3) フローティングクレーンによる一括架設式工法は，船にクレーンを組み込んだ起重機船を用いる工法で，水深が深く流れの緩やかな場所の架設に適している。

(4) ケーブルクレーン工法は，鉄塔で支えられたケーブルクレーンで橋桁をつり込んで架設する工法で，市街地での施工に適している。

解答・解説

架設工法の種類

ベント式架設工法	橋桁部材を自走クレーン車などでつり上げ，ベントで仮受けしながら組み立てて架設する。
直吊り(ケーブルクレーン)架設工法	部材をケーブルクレーンでつり込み，受けばり上で組み立てて架設するもので，河川や深い谷間でベントが設置できない場合などに用いられる。
送出し（押出し）式架設工法	架設地点に隣接する場所であらかじめ橋桁の組み立てを行って，順次送り出して架設する。
片持ち式架設工法	すでに架設した桁上にトラベラークレーンを設置して部材をつり上げながら架設するもので，桁下の空間が利用できない場合に用いられる。
張出し架設工法	フォルバウワーゲンなどにより，橋脚から順次左右対称に張出して架設する。
一括架設式工法	組み立てられた部材を台船で現場までえい航し，フローティングクレーンでつり込み一括して架設する。

問1 答 (4) ★正しくは，

ケーブルクレーン工法は，鉄塔で支えられたケーブルクレーンで橋桁をつり込んで架設する工法で，河川や谷間などでの施工に適している。

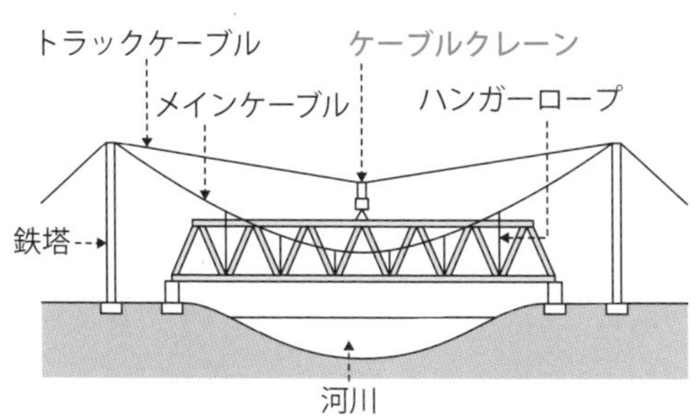

専門
土木

14 鋼橋の溶接・ボルト締付け

問1 ★★★

鋼橋の溶接に関する次の記述のうち，**適当でないもの**はどれか。

(1) 溶接を行う場合には，溶接線近傍を十分に乾燥させてから行う。

(2) すみ肉溶接は，部材の交わった表面部に溶着金属を溶接するものである。

(3) 溶接継手の形式には，突合せ継手，十字継手などがある。

(4) 溶接の始点と終点は，溶接欠陥が生じやすいので，スカラップという部材を設ける。

問2 ★★

鋼橋のボルトの締付けに関する次の記述のうち，**適当でないもの**はどれか。

(1) ボルトの締付けは，各材片間の密着を確保し，応力が十分に伝達されるようにする。

(2) ボルトの締付けにあたっては，設計ボルト軸力が得られるように締め付ける。

(3) ボルト軸力の導入は，ボルトの頭部を回して行うことを原則とする。

(4) トルシア形高力ボルトを使用する場合は，本締めに専用締付け機を使用する。

解答・解説

鋼橋の溶接

- 溶接の方法には，手溶接や自動溶接などがあり，自動溶接は主に工場で用いられる。
- 橋梁の溶接は，一般にアーク溶接が多く用いられる。
- 溶接を行う場合には，溶接線近傍，アーク溶接棒を十分に乾燥させる。
- 溶接を行う部分は，溶接に有害な黒皮，さび，塗料，油などを除去する。
- 溶接の始点と終点には，エンドタブを設ける。
- 溶着金属の線が交わる場合は，片方の部材に扇状の切欠き（スカラップ）を設ける。
- 溶接部の強さは，溶着金属部ののど厚と有効長によって求められる。

溶接継手

すみ肉溶接	部材の交わった表面部に溶着金属を溶接する。
開先（グルーブ）溶接	部材間のすきまに溶着金属を溶接する。

鋼橋のボルトの締付け

- ボルトの締付けは，設計ボルト軸力が得られるように締め付ける。
- ボルトの締付けは，各材片間の密着を確保し，応力が十分に伝達されるようにする。
- ボルト軸力の導入は，ナットを回して行うことを原則とする。
- 高力ボルトの締付けは，継手の中央から順次端部のボルトに向かって行う。
- トルシア形高力ボルトを使用する場合は,本締めに専用締付け機を使用する。

問 1 答 (4) ★正しくは，

溶接の始点と終点は，溶接欠陥が生じやすいので，エンドタブという部材を設ける。

問 2 答 (3) ★正しくは，

ボルト軸力の導入は，ナットを回して行うことを原則とする。

専門土木

15 コンクリート構造物の劣化機構

問１ ★★★

コンクリート構造物の「劣化機構」と「劣化要因」に関する次の組合せのうち，**適当でないもの**はどれか。

［劣化機構］　　　　［劣化要因］

(1) アルカリシリカ反応…………反応性骨材

(2) 塩害……………………………水酸化物イオン

(3) 中性化 ………………………炭酸ガス

(4) 凍害……………………………凍結融解作用

問２ ★★★

コンクリート構造物に関する次の用語のうち，劣化機構に**該当しないもの**はどれか。

(1) 疲労

(2) 豆板

(3) すりへり

(4) 中性化

解答・解説

コンクリートの劣化機構

中性化	コンクリートのアルカリ性が空気中の炭酸ガス（二酸化炭素）の侵入などにより失われていく現象。
塩害	コンクリート中に侵入した塩化物イオンが鉄筋の腐食を引き起こす現象。
凍害	コンクリート中に含まれる水分が凍結し，氷の生成による膨張圧などでコンクリートが破壊される現象。
化学的侵食	硫酸や硫酸塩などによってコンクリートが溶解または分解する現象。
アルカリシリカ反応	骨材中の反応性シリカ鉱物がコンクリート中のアルカリ性水溶液と反応して，異常膨張やひび割れを生じさせる現象。
疲労	荷重が繰返し作用することで，コンクリート中に微細なひび割れが発生し，やがて大きな損傷となっていく現象。
すりへり	流水や車輪などの摩耗作用によって，コンクリートの表面が徐々に失われていく現象。

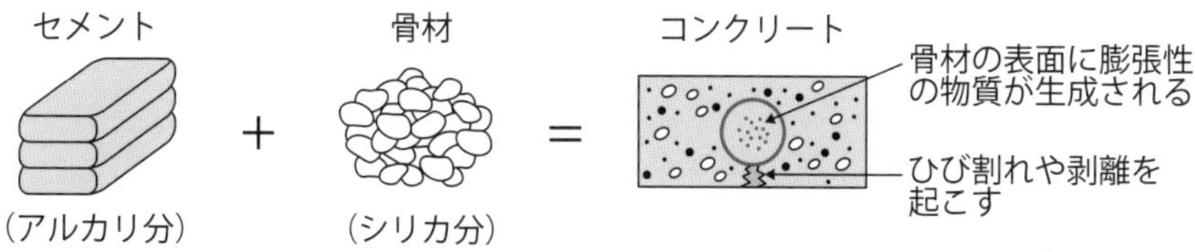

アルカリシリカ反応

問 1 答 (2) ★正しくは，

塩害の劣化要因は，塩化物イオンである。

問 2 答 (2) ★補足すると，

豆板は，打設したコンクリートの一部に，粗骨材が集まってできた空隙（くうげき）の多い不良部分をいう。ジャンカともいう。

専門土木 15 コンクリート構造物の劣化機構

問3 ★★★

耐久性の優れたコンクリート構造物をつくるための対策に関する次の記述のうち，**適当でないもの**はどれか。

(1) 凍害に関する対策のひとつとしては，コンクリート中の空気量を6％程度にする。

(2) 凍害対策として，AE剤を使用する。

(3) 塩害対策として，水セメント比を大きくする。

(4) 塩害対策として，かぶりを大きくする。

問4 ★★

耐久性の優れたコンクリート構造物をつくるための対策に関する次の記述のうち，**適当でないもの**はどれか。

(1) アルカリシリカ反応対策として，アルカリ総量を3.0 kg/m^{3}以下とする。

(2) アルカリシリカ反応対策として，高炉セメントB種を使用する。

(3) 化学的侵食対策として，かぶりを大きくする。

(4) 耐久性を高めるために，吸水率の大きい骨材を使用する。

解答・解説

コンクリートの劣化機構への対策

中性化	•タイル，石張りなどによる表面仕上げを行う。 •かぶりを大きくする。
塩害	•コンクリート中の塩化物イオン量を少なくする。 •水セメント比を小さくする。 •かぶりを大きくする。
凍害	•AE剤を使用して，コンクリート中の空気量を6％程度にする。 •水セメント比を小さくする。 •吸水率の小さい骨材を使用する。
化学的侵食	•コンクリート表面を被覆する。 •かぶりを大きくする。 •水セメント比を小さくする。
アルカリシリカ反応	•コンクリート中のアルカリ総量を3.0 kg/m^{3}以下とする。 •高炉セメントB種・C種，フライアッシュセメントB種・C種を使用する。 •骨材のアルカリシリカ反応性試験で無害とされた骨材を使用する。

問3 答 (3) ★正しくは，

塩害対策として，水セメント比を小さくする。

問4 答 (4) ★正しくは，

コンクリートの耐久性を高めるためには，吸水率の小さい骨材を使用する。なお，吸水率の大きい骨材は，密度が小さく，安定性試験における損失重量も大きくなる。

専門
土木

16　河川堤防

問１
★★★

河川に関する次の記述のうち，**適当でないもの**はどれか。

(1) 河川堤防の断面で一番高い平らな部分を天端という。

(2) 河川の流水がある側を堤内地，堤防で守られている側を堤外地という。

(3) 河川における右岸，左岸とは，上流から下流を見て右側を右岸，左側を左岸という。

(4) 堤防の法面は，河川の流水がある側を表法面，堤防で守られる側を裏法面という。

問２
★★

河川堤防の施工に関する次の記述のうち，**適当でないもの**はどれか。

(1) 堤防の法面は，可能な限り機械を使用して十分締め固める。

(2) 堤体盛土の締固め中は，盛土内に雨水の滞水や浸透などが生じないように法面に３～５％程度の横断勾配を設けて施工する。

(3) 既設堤防に腹付けを行う場合は，新旧の法面をなじませるため，階段状に段切りを行って施工する。

(4) 堤防の拡築工事を行う場合の腹付けは，旧堤防の表法面に行うことが一般的である。

解答・解説

河川に関する用語（51 ページの図を参照）

右岸・左岸	上流から下流に向かって，右手側を右岸，左手側を左岸という。
堤外地・堤内地	河川の流水がある側を堤外地，堤防で守られている側を堤内地という。
表法面・裏法面	河川の流水がある側を表法面，その反対側を裏法面という。
表法肩・裏法肩	堤防の天端と表法面の交点を表法肩，天端と裏法面の交点を裏法肩という。
天端	堤防の断面で一番高い，平らな部分をいう。

河川堤防の施工

- 河川堤防の工事において基礎地盤が軟弱な場合は，地盤改良などを行う。
- 浚渫工事による土を築堤などに利用する場合は，高水敷などに仮置きし，水切りなどを十分行った後，運搬して締め固める。
- 堤防の盛土は，均等に敷き均し，締固め度が均一になるように締め固める。
- 堤防の施工中は，堤体への雨水の滞水や浸透が生じないよう堤体横断面方向に勾配を設ける。
- 施工した堤防の法面保護は，一般に芝等の植生工により行う。
- 既設堤防に腹付けを行う場合は，既設堤防との接合を高めるために，階段状に段切りを行う。
- 腹付けは，旧堤防の裏法面に行うことが一般的である。
- 引堤（ひきてい）工事（堤防を堤内地側に移動させる工事）を行った場合の旧堤防は，新堤防が完成後，新堤防が安定した機能を発揮するまで併設しておく。

問 1 答 (2) ★正しくは，

河川の流水がある側を堤外地，堤防で守られる側を堤内地という。

問 2 答 (4) ★正しくは，

堤防の拡築工事を行う場合の腹付けは，旧堤防の裏法面に行うことが一般的である。

専門土木

16　河川堤防

問3　★★

河川堤防の施工に関する次の記述のうち，**適当でないもの**はどれか。

(1) 築堤した堤防には，法面保護のために桜などの植樹を行う。

(2) 河川堤防の工事において基礎地盤が軟弱な場合は，地盤改良を行う。

(3) 引堤工事を行った場合の旧堤防は，新堤防が完成後，直ちに撤去せず、新堤防が安定した機能を発揮するまで併設しておく。

(4) 堤防の拡幅の腹付けは，安定している旧堤防の裏法面に行う。

問4　★★

河川堤防に用いる土質材料に関する次の記述のうち，**適当でないもの**はどれか。

(1) 堤体の安定に支障を及ぼすような圧縮変形や膨張性がないものであること。

(2) できるだけ透水性があること。

(3) 有害な有機物及び水に溶解する成分を含まないこと。

(4) 施工性がよく，特に締固めが容易であること。

解答・解説

堤体材料に求められる要件

- 施工性がよく，特に締固めが容易であること。
- 堤体の安定に支障を及ぼすような圧縮変形や膨張性がないこと。
- 適度な粒度分布であること。
- できるだけ透水性が小さく，せん断強さが大きいこと。
- 有害な有機物及び水に溶解する成分を含まないこと。

河川堤防の構造

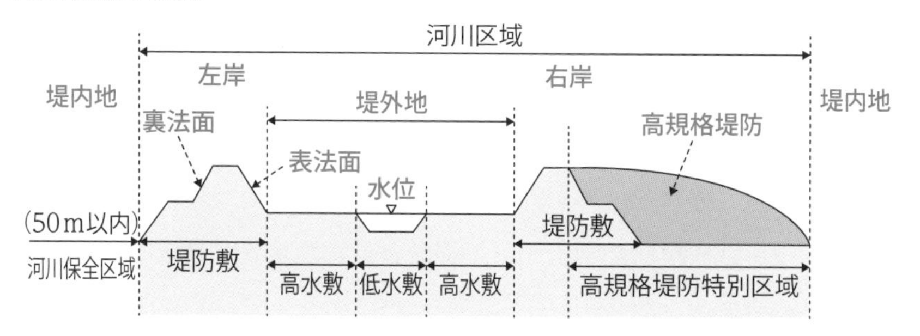

※河川区域…河川の流水が継続して存続している土地等，河川管理施設の敷地，及び堤外の土地で河川管理者が指定した区域をいう。
※河川保全区域…河川管理者が，河岸または河川管理施設を保全するため必要があると認めて指定したもの。
※高規格堤防…堤防の幅を堤防の高さの30倍程度まで広げた，ゆるやかな台地のような形状の堤防。

問3 答 (1) ★正しくは，

築堤した堤防には，法面保護のために芝等の植生工を行う（参考→p.49）。

問4 答 (2) ★正しくは，

できるだけ透水性が小さいことが求められる。

専門土木

17　河川護岸

問１ ★★★

河川護岸に関する次の記述のうち，**適当でないものは**どれか。

(1) 低水護岸は，低水路を維持し，高水敷の洗掘などを防止するものである。

(2) 高水護岸は，複断面河川において高水時に表法面を保護するために施工する。

(3) 法覆工は，堤防及び河岸の法面を被覆し保護するものである。

(4) 低水護岸は，単断面河道などで堤防と低水河岸を一体として保護するものである。

問２ ★★

河川護岸に関する次の記述のうち，**適当でないものは**どれか。

(1) 天端保護工は，流水によって高水護岸の裏側から破壊しないように保護するものである。

(2) 根固工は，河床の洗掘を防ぎ，基礎工，法覆工を保護するものである。

(3) 基礎工は，法覆工を支える基礎であり，洗掘に対する保護や裏込め土砂の流出を防ぐものである。

(4) 護岸基礎工の天端の高さは，洗掘に対する保護のため平均河床高より低い高さで施工する。

解答・解説

河川護岸の種類

堤防護岸	単断面河道などで堤防と低水河岸を一体として保護するもの。
低水護岸	低水路を維持し，高水敷の洗掘などを防止するもの。
高水護岸	複断面の河川において高水時に堤防の表法面を保護するもの。

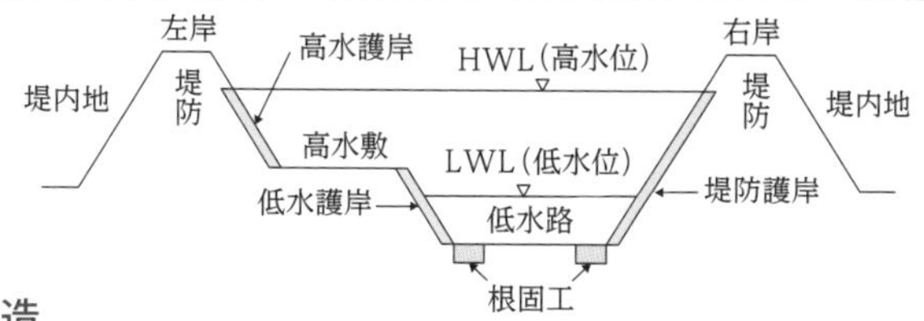

主な護岸構造

法覆工	堤防及び河岸の法面を被覆して保護するもの。
基礎工	法覆工を支え，洗掘に対する保護や裏込め土砂の流出を防ぐもの。
根固工	河床の洗掘を防ぎ，基礎工，法覆工を保護するもの。
天端保護工	流水により低水護岸の裏側から破壊しないように保護するもの。

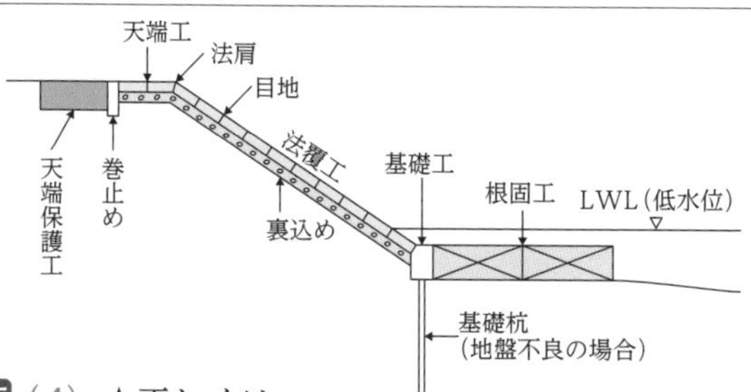

問 1 答 (4) ★正しくは，

堤防護岸は，単断面河道などで堤防と低水河岸を一体として保護するものである。

問 2 答 (1) ★正しくは，

天端保護工は，流水によって低水護岸の裏側から破壊しないように保護するものである。

専門土木

17　河川護岸

問3 ★★★

河川護岸の法覆工に関する次の記述のうち，**適当でないもの**はどれか。

(1) コンクリートブロック張工は，工場製品のコンクリートブロックを法面に敷設する工法である。

(2) コンクリートブロック張工は，一般に法勾配が急で流速の大きい場所では平板ブロックを用いる工法である。

(3) コンクリート法枠工は，法面のコンクリート格子枠の中にコンクリートを打設する工法である。

(4) コンクリート法枠工は，法勾配が急な場所では施工が難しい。

問4 ★★

河川護岸に関する次の記述のうち，**適当でないもの**はどれか。

(1) 石材を用いた護岸の施工方法としては，法勾配が急な場合は石張工，緩い場合は石積工を用いる。

(2) 小口止工は，法覆工の上下流の端部に施工して護岸を保護し，将来の延伸を容易にするものである。

(3) かご系護岸は，屈とう性があり，かつ，空隙があり，覆土による植生の復元も早い。

(4) 間知ブロックを法覆工として使用する箇所は，法勾配が急な場所である。

解答・解説

護岸の工法

石張工・石積工	• 石材を法面に敷設する工法。 • 法勾配が急な場合は石積工，緩い場合は石張工を用いる。
コンクリートブロック張工	• 工場製品のコンクリートブロックを法面に敷設する工法。 • 一般に法勾配が急で流速の大きい場所では間知ブロック，法勾配が緩く流速が小さな場所では平板ブロックを用いる。
コンクリート法枠工	• 工事現場の法面にコンクリートの格子枠を作り，格子枠の中にコンクリートを打ち込む工法。 • 法勾配が急な場所では施工が難しい。
鉄線蛇かご工	• あらかじめ工場で編んだ鉄線を現場でかご状に組み立て，蛇かごの中に玉石などを詰める工法。
連結（連節）ブロック張工	• 工場で製作したコンクリートブロックを鉄筋で数珠継ぎにして法面に敷設する工法。

問3 答 (2) ★正しくは，

コンクリートブロック張工は，一般に法勾配が急で流速の大きい場所では間知ブロックを用いる工法である。

問4 答 (1) ★正しくは，

石材を用いた護岸の施工方法としては，法勾配が急な場合は石積工，緩い場合は石張工を用いる。

専門
土木

18　砂防えん堤

問1
★★

砂防えん堤に関する次の記述のうち，**適当でないもの**はどれか。

(1) 水叩きは，本えん堤を越流した落下水の衝撃を緩和し，洗掘を防止するために設けられる。

(2) 前庭保護工は，土砂が砂防えん堤を越流しないようにするため，えん堤の上流側に設ける。

(3) 砂防えん堤は，渓流から流出する砂礫の捕捉や調節などを目的とした構造物である。

(4) 水抜きは，施工中の流水の切替えや堆砂後の浸透水を抜いて水圧を軽減するために，必要に応じて設ける。

問2
★★

砂防えん堤に関する次の記述のうち，**適当でないもの**はどれか。

(1) 袖は，その天端を洪水が越流することを前提とした構造物であり，土石などの流下による衝撃に対し強固な構造とする。

(2) 袖は，洪水を越流させないようにし，両岸に向って上り勾配とする。

(3) 副えん堤は，本えん堤の基礎地盤の洗掘及び下流河床低下の防止のために設ける。

(4) 水通しは，えん堤上流からの流水の越流部として設置され，その断面は一般に逆台形である。

解答・解説

砂防えん堤に関する用語

水通し	えん堤上流からの流水の越流部として設けられる構造物。その断面は一般に逆台形である。
袖	洪水を越流させないために設けられる構造物。両岸に向かって上り勾配とし，想定される外力に対して強固な構造とする。
水抜き	施工中の流水の切替えや堆砂後の浸透水を抜いて水圧を軽減するために，必要に応じて設けられる構造物。
水叩き	本えん堤からの落下水による洗掘の防止を目的に，前庭部に設けられる構造物。
前庭保護工	本えん堤を越流した落下水による洗掘を防止するための構造物。堤体の下流側に設置される。
側壁護岸	水通しからの落下水が左右の渓岸を侵食することを防ぐために設けられる構造物。
副えん堤	本えん堤の基礎地盤の洗掘及び下流河床低下の防止のために設けられる構造物。
ウォータークッション	落下する水のエネルギーを拡散，減勢させるために，本えん堤と副えん堤との間に水を湛えたプール。

問1 答 (2) ★正しくは，

前庭保護工は，本えん堤を越流した落下水による洗掘を防止するため，えん堤の下流側に設ける。

問2 答 (1) ★正しくは，

袖は，洪水を越流させないことを前提とした構造物であり，土石などの流下による衝撃に対し強固な構造とする。

専門
土木

18　砂防えん堤

問３
★★

砂防えん堤に関する次の記述のうち，**適当なもの**はどれか。

(1) 本えん堤の堤体下流の法面は，越流土砂による損傷を受けないよう，一般に法勾配を１：0.5 としている。

(2) 本えん堤の基礎の根入れは，岩盤では 0.5 m 以上で行う。

(3) 本えん堤の堤体基礎の根入れは，砂礫層では１ m 以上行うのが通常である。

(4) 砂防えん堤は，強固な岩盤に施工することが望ましい。

問４
★★

下図に示す砂防えん堤を砂礫の堆積層上に施工する場合の一般的な順序として，**適当なもの**は次のうちどれか。

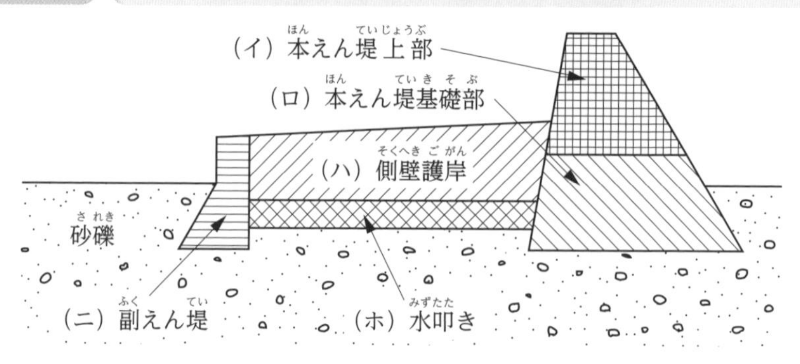

(1)　(ロ)　→　(イ)　→　(ハ)・(ホ)　→　(ニ)

(2)　(ニ)　→　(ロ)　→　(イ)　→　(ハ)・(ホ)

(3)　(ロ)　→　(ニ)　→　(ハ)・(ホ)　→　(イ)

(4)　(ニ)　→　(ロ)　→　(ハ)・(ホ)　→　(イ)

解答・解説

砂防えん堤の施工

- 基礎地盤は，原則として岩盤とする。
- やむを得ず砂礫地盤とする場合は，できる限りえん堤高を 15 m 未満に抑える。
- 本えん堤の基礎の根入れは，岩盤の場合 1 ～ 2 m，砂礫地盤の場合 2 ～ 3 m とする。
- 本えん堤下流の法勾配は，一般に 1：0.2 程度とする。

砂防えん堤の施工順序

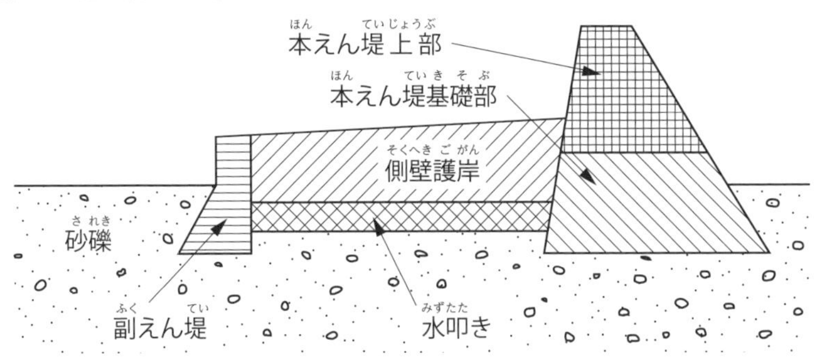

① 本えん堤基礎部 → ② 副えん堤 → ③ 側壁護岸・水叩き
→ ④ 本えん堤上部

問 3 **答** (4) ★正しい (1) (2) (3) は，

(1) 本えん堤の堤体下流の法面は，越流土砂による損傷を受けないよう，一般に法勾配を 1：0.2 程度とする。
(2) 本えん堤の基礎の根入れは，岩盤では 1 m 以上で行う。
(3) 本えん堤の堤体基礎の根入れは，砂礫層では 2 m 以上行うのが通常である。

問 4 **答** (3) ★補足すると，

(ロ) 本えん堤基礎部 → (ニ) 副えん堤 → (ハ) 側壁護岸・(ホ) 水叩き → (イ) 本えん堤上部

専門土木

19　地すべり防止工

問１　★★

地すべり防止工に関する次の記述のうち，**適当でないもの**はどれか。

(1) 地すべり防止工では，抑止工だけの施工は避けるのが一般的である。

(2) 水路工は，地表面の水を速やかに水路に集め，地すべり区域外に排除する工法である。

(3) 横ボーリング工とは，帯水層に向けてボーリングを行い，地下水を排除する工法である。

(4) 抑制工は，杭などの構造物を設けることにより，地すべり運動の一部又は全部を停止させる工法である。

問２　★★

地すべり防止工に関する次の記述のうち，**適当でないもの**はどれか。

(1) 杭工は，鋼管などの杭を地すべり土塊の下層の不動土層に打ち込み，斜面の安定を高める工法である。

(2) シャフト工は，地すべり頭部などの不安定な土塊を排除し，土塊の滑動力を減少させる工法である。

(3) 集水井工は，比較的堅固な地盤に井筒を設け，集水孔や集水ボーリングによって地下水を集水し，原則として排水ボーリングにより自然排水する工法である。

(4) 排水トンネル工は，地すべり規模が大きい場合に用いられる工法である。

解答・解説

地すべり防止工

- 地すべり防止工では，抑制工→抑止工の順に実施し，抑止工だけの施工を避ける。

抑制工	自然条件を変化させて，地すべり運動を停止または緩和させる。
抑止工	杭などの構造物を設けて，地すべり運動を停止させる。

抑制工

水路工	地表面の水を水路で地すべり区域外に排除する。
横ボーリング工	ボーリングを行い，地下水を排除する。
集水井工	地下水を集水し，自然排水する。
排水トンネル工	トンネルを設けて排水する工法で，地すべり規模が大きい場合に用いられる。
排土工	地すべり頭部の不安定土塊を排除する。
押え盛土工	地すべり土塊の下部に盛土を行い，地すべりの滑動力に対する抵抗力を増加させる。

抑止工

杭工	地すべり土塊下部に杭を建て込み，斜面の安定を高める。
シャフト工	大口径の井筒に鉄筋コンクリートを充てんし，シャフト（杭）とする。

問１ 答 (4) ★正しくは，

抑止工は，杭などの構造物を設けることにより，地すべり運動の一部または全部を停止させる工法である。

問２ 答 (2) ★正しくは，

排土工は，地すべり頭部などの不安定な土塊を排除し，土塊の滑動力を減少させる工法である。

専門土木

20　道路のアスファルト舗装

問１　★★

道路のアスファルト舗装における構築路床の安定処理に関する次の記述のうち，**適当でないもの**はどれか。

(1) 所定量の安定材を散布機械又は人力によって均等に散布する。

(2) セメント又は石灰などの安定材の混合終了後，タイヤローラによる仮転圧を行い，モーターグレーダによる整形を行う。

(3) 安定材の散布に先立って現状路床の不陸整正や，必要に応じて仮排水溝を設置する。

(4) 粒状の生石灰を用いる場合は，混合させたのち仮転圧し，ただちに再混合をする。

問２　★★★

道路のアスファルト舗装における路床，路盤の施工に関する次の記述のうち，**適当でないもの**はどれか。

(1) 路床盛土の１層の敷均し厚さは，仕上り厚さで20 cm以下とする。

(2) 下層路盤に粒状路盤材料を使用した場合の１層の仕上り厚さは，30 cm以下とする。

(3) 下層路盤のセメント安定処理工の１層の仕上り厚さは，15 ～ 30 cmとする。

(4) 下層路盤の粒状路盤材料の転圧は，一般にロードローラと８～20 tのタイヤローラで行う。

解答・解説

構築路床の安定処理

- 路床の安定処理は，一般に路上混合方式で行う。
- 安定材の散布に先立って，不陸整正を行い，必要に応じて雨水対策の仮排水溝を設置する。
- 安定材は，所定量を散布機械または人力により均等に散布をする。
- 粒状の生石灰を用いる場合は，混合が終了したのち仮転圧して放置し，生石灰の消化を待ってから再び混合する。
- 混合終了後，タイヤローラなどで仮転圧を行い，ブルドーザやモーターグレーダで整形し，タイヤローラなどにより締め固める。

路床の施工

切土路床	土中の木根・転石などを取り除く範囲を表面から 30 cm 程度以内とする。
盛土路床	1 層の敷均し厚さを仕上り厚さで 20 cm 以下とする。
構築路床	交通荷重を支持する層として適切な支持力と変形抵抗性が求められる。

下層路盤の施工

- 下層路盤材料は，最大粒径を原則 50 mm 以下とする。

粒状路盤工法	1 層の仕上り厚さは，20 cm 以下とする。 転圧は，一般にロードローラとタイヤローラで行う。
安定処理工法	1 層の仕上り厚さを 15 ～ 30 cm とする。

問 1 答 (4) ★正しくは，

仮転圧後の再混合は，生石灰の消化を待って行う。

問 2 答 (2) ★正しくは，

下層路盤に粒状路盤材料を使用した場合の 1 層の仕上り厚さは，20 cm 以下とする。

専門
土木

20　道路のアスファルト舗装

問3
★★

道路のアスファルト舗装における上層路盤の施工に関する次の記述のうち，**適当でないもの**はどれか。

(1) 瀝青安定処理工法は，平坦性がよく，たわみ性や耐久性に富む。

(2) 加熱アスファルト安定処理に使用する舗装用石油アスファルトは，通常，ストレートアスファルト 60 ～ 80 又は 80 ～ 100 を用いる。

(3) 加熱アスファルト安定処理一般工法の1層の仕上り厚さは，30 cm 以下とする。

(4) 石灰安定処理路盤材料の締固めは，所要の締固め度が確保できるように最適含水比よりやや湿潤状態で行うとよい。

問4
★★★

道路のアスファルト舗装における上層路盤の施工に関する次の記述のうち，**適当でないもの**はどれか。

(1) 粒度調整工法は，良好な粒度になるように調整した骨材を用いる工法で，敷均しや締固めが容易である。

(2) 粒度調整路盤の1層の仕上り厚さは，原則として，15 cm 以下を標準とする。

(3) 粒度調整路盤材料は，最大含水比付近の状態で締め固める。

(4) セメント安定処理路盤材料の締固めは，敷き均した路盤材料の硬化が始まる前までに締固めを完了する。

解答・解説

上層路盤の施工

粒度調整工法
- 良好な粒度になるように調整した骨材を用いる工法で，敷均しや締固めが容易で，柔軟性がある。
- 粒度調整路盤の 1 層の仕上り厚さは 15 cm 以下を標準とする。
- 粒度調整路盤の 1 層の仕上り厚さが 20 cm を超える場合において所要の締固め度が保証される施工方法が確認されていれば，その仕上り厚さを用いてもよい。
- 粒度調整路盤材料は，最適含水比付近の状態で締め固める。

瀝青安定処理工法（加熱アスファルト安定処理）
- 骨材に瀝青材料を添加して処理する工法で，平坦性がよく，たわみ性や耐久性に富む。
- 使用する舗装用石油アスファルトは，通常，ストレートアスファルト 60 ～ 80 または 80 ～ 100 を用いる。
- 1 層の仕上り厚さを 10 cm 以下で行う一般工法とそれを超えた厚さで仕上げるシックリフト工法とがある。

セメント・石灰安定処理工法
- 1 層の仕上り厚さは 10 ～ 20 cm を標準とし，振動ローラを使用する場合は 30 cm 以下で所要の締固め度が確保できる厚さとしてもよい。
- セメント安定処理路盤材料の締固めは，硬化が始まる前までに完了させる。
- 石灰安定処理路盤材料の締固めは，最適含水比よりやや湿潤状態で行う。

問 3 **答** (3) ★正しくは，

加熱アスファルト安定処理一般工法の 1 層の仕上り厚さは，10 cm 以下とする。

問 4 **答** (3) ★正しくは，

粒度調整路盤材料は，最適含水比付近の状態で締め固める。

専門
土木

21 道路のアスファルト舗装の施工

問1
★★

道路のアスファルト舗装の施工に関する次の記述のうち，**適当でないもの**はどれか。

(1) 加熱アスファルト混合物は，現場に到着後ただちにブルドーザにより均一な厚さに敷き均す。
(2) 敷均し作業中に雨が降りはじめたときは，作業を中止し敷き均したアスファルト混合物を速やかに締め固める。
(3) 敷均し時の混合物の温度は，一般に 110 ℃を下回らないようにする。
(4) 加熱アスファルト混合物は，よく清掃した運搬車を用い，温度低下を防ぐため保温シートなどで覆い品質変化しないように運搬する。

問2
★★★

道路のアスファルト舗装の施工に関する次の記述のうち，**適当でないもの**はどれか。

(1) 二次転圧は，一般に 8 ～ 20 t のタイヤローラで行うが，振動ローラを用いることもある。
(2) 初転圧は，8 ～ 10 t 程度のロードローラで 2 回（1 往復）程度行い，横断勾配の低い方から高い方へ低速でかつ一定の速度で転圧する。
(3) 初転圧の転圧温度は，一般に 110 ～ 140 ℃とする。
(4) 敷均し終了後は，所定の密度が得られるように初転圧，継目転圧，二次転圧及び仕上げ転圧の順に締め固める。

解答・解説

敷均し

- アスファルト混合物の現場到着温度は，一般に140～150℃程度とする。
- アスファルト混合物は，アスファルトフィニッシャにより敷き均す。
- 敷均し時の混合物の温度は，一般に110℃を下回らないようにする。

締固め

- 締固め作業は，継目転圧→初転圧→二次転圧→仕上げ転圧の順序で行う。

初転圧	• 一般にロードローラで行う。 • ローラへの混合物の付着防止には，少量の水または軽油などを薄く塗布する。 • 転圧温度は，一般に110～140℃とする。 • 横断勾配の低い方から高い方向へ一定の速度で転圧する。
二次転圧	• 一般にタイヤローラで行うが，振動ローラを用いることもある。 • 終了温度は，一般に70～90℃とする。
仕上げ転圧	• 不陸の修正・ローラマークの消去のために行う。 • 8～20 tのタイヤローラまたはロードローラで2回（1往復）程度行う。

継目の施工

- 縦継目は，新しい混合物を既設舗装に5 cm程度重ねて敷き均す。
- 横継目は，既設舗装の補修・延伸の場合を除き，下層の継目と上層の継目の位置を重ねないようにする。

問1 答（1）★正しくは，

加熱アスファルト混合物は，現場に到着後ただちにアスファルトフィニッシャまたは人力により均一な厚さに敷き均す。

問2 答（4）★正しくは，

敷均し終了後は，所定の密度が得られるように継目転圧，初転圧，二次転圧及び仕上げ転圧の順に締め固める。

専門
土木

21 道路のアスファルト舗装の施工

問３
★★★

道路のアスファルト舗装の施工に関する次の記述のうち，**適当でないもの**はどれか。

(1) 仕上げ転圧は，8～20 tのタイヤローラあるいはロードローラで2回（1往復）程度行う。

(2) 仕上げ転圧は，不陸の修正やローラマーク消去のために行う。

(3) 交通開放の舗装表面温度は，一般に60 ℃以下とする。

(4) 縦継目部は，レーキなどで粗骨材を取り除いた新しい混合物を既設舗装に5 cm程度重ねて敷き均す。

問４
★★

道路のアスファルト舗装のプライムコート及びタックコートの施工に関する次の記述のうち，**適当でないもの**はどれか。

(1) タックコートの施工で急速施工の場合，瀝青材料散布後の養生時間を短縮するため，ロードヒータにより路面を加熱する方法を採ることがある。

(2) プライムコートには，通常，アスファルト乳剤（PK-3）を用いて，散布量は一般に1～2 L/m^{2}が標準である。

(3) タックコートは，加熱アスファルト混合物とその下層との面の縁切りのため散布する。

(4) タックコートの散布量は，一般に0.3～0.6 L/m^{2}が標準である。

解答・解説

交通開放温度

- 交通開放の舗装表面温度は，一般に 50 ℃以下とする。

プライムコートとタックコートの用途等

プライムコート	• 路盤とアスファルト混合物とのなじみをよくするために散布する。 • 通常，アスファルト乳剤（PK − 3）を用い，散布量は一般に 1 ～ 2 L/m² が標準である。
タックコート	• 施工する加熱アスファルト混合物とその下層との接着のために散布する。 • 通常，アスファルト乳剤（PK − 4）を用い，散布量は一般に 0.3 ～ 0.6 L/m² が標準である。

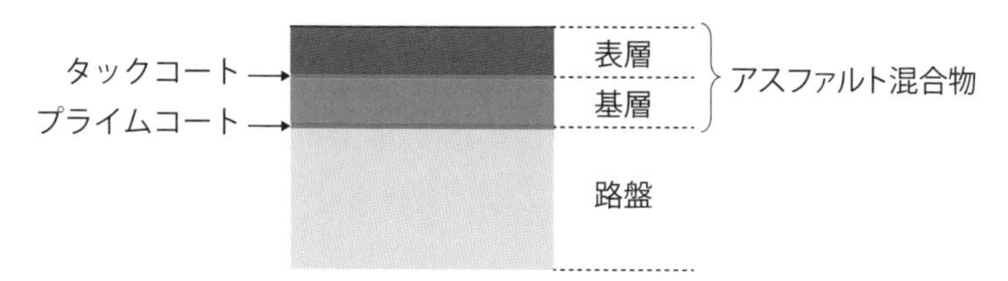

プライムコートとタックコート

問 3 答 (3) ★正しくは，

交通開放の舗装表面温度は，一般に 50 ℃以下とする。

問 4 答 (3) ★正しくは，

タックコートは，加熱アスファルト混合物とその下層との接着のため散布する。

専門土木 22 道路のアスファルト舗装の破損・補修

問1 ★★★

道路のアスファルト舗装の破損に関する次の記述のうち，**適当でないもの**はどれか。

(1) 縦断方向の凹凸は，道路の延長方向に比較的長い波長の凹凸でどこにでも生じる。

(2) わだち掘れは，表層と基層の接着不良により走行軌跡部に発生する。

(3) ヘアクラックは，縦・横・斜め不定形に，幅1mm程度に生じる比較的短いひび割れで，おもに表層に生じる破損である。

(4) 線状ひび割れは，縦・横に幅5mm程度で長く生じるひび割れで，路盤の支持力が不均一な場合や舗装の継目に生じる破損である。

問2 ★★★

道路のアスファルト舗装の補修工法に関する次の記述のうち，**適当でないもの**はどれか。

(1) オーバーレイ工法は，ポットホール，段差などを応急的に舗装材料で充填する工法である。

(2) 打換え工法は，不良な舗装の一部分，または全部を取り除き，新しい舗装を行う工法である。

(3) 切削工法は，路面の凸部を切削して不陸や段差を解消する工法である。

(4) 表面処理工法は，既設舗装の表面に薄い封かん層を設ける工法である。

解答・解説

アスファルト舗装の破損とその原因

亀甲状のひび割れ	路床，路盤の支持力低下や沈下，混合物の劣化や老化により生じる。
線状ひび割れ	路盤の支持力が不均一な場合に縦・横に長く生じる。
ヘアクラック	転圧温度の高過ぎ･過転圧などにより，おもに表層に生じる，縦・横・斜め不定形の比較的短いひび割れ。
わだち掘れ	道路横断方向の凹凸で，車両の通過位置が同じところ（走行軌跡部）に生じる。
縦断方向の凹凸	道路の延長方向に比較的長い波長の凹凸で，どこにでも生じる。

補修工法

打換え工法	不良な舗装の一部または全部を取り除き，新しい舗装を行う工法。
局部打換え工法	既設舗装の破損が局部的に著しいときに，路盤から局部的に打ち換える工法。
オーバーレイ工法	既設舗装の上に，厚さ 3 cm 以上の加熱アスファルト混合物層を施工する工法。
わだち部オーバーレイ工法	わだち掘れ部のみを，加熱アスファルト混合物で施工する工法。
切削工法	路面の凸部を切削して不陸や段差を解消する工法。
表面処理工法	既設舗装の表面に薄い封かん層を設ける工法。
パッチング	ポットホール，くぼみ，段差の応急的な措置に用いられる。

問 1 **答** (2) ★正しくは，

わだち掘れは，交通荷重や路床・路盤の圧縮変形などにより走行軌跡部に発生する。

問 2 **答** (1) ★正しくは，

パッチング工法は，ポットホール，くぼみ，段差などを応急的に舗装材料で充填する工法である。

専門土木　23　道路のコンクリート舗装

問１ ★★★

道路の普通コンクリート舗装に関する次の記述のうち，**適当でないもの**はどれか。

(1) コンクリート舗装は，アスファルト舗装に比べ耐久性に富んでいる。

(2) コンクリート舗装は，アスファルト舗装に比べ長い養生日数が必要である。

(3) コンクリート舗装は，コンクリート版が交通荷重などによる曲げ応力に抵抗するので，たわみ性舗装である。

(4) コンクリート舗装は，アスファルト舗装の路面が黒色系であるのに比べ，路面が白色系のため照明効率が良い。

問２ ★★★

道路のコンクリート舗装のコンクリート版の種類と特徴に関する次の記述のうち，**適当でないもの**はどれか。

(1) 転圧コンクリート版は，コンクリート版にあらかじめ目地を設け，目地部にダウエルバーやタイバーを使用する。

(2) 普通コンクリート版は，コンクリート版にあらかじめ目地を設け，コンクリート版に発生するひび割れを誘導する。

(3) 連続鉄筋コンクリート版は，横目地を省いたもので，コンクリート版の横ひび割れを縦方向鉄筋で分散させる。

(4) プレキャストコンクリート版は，必要に応じて相互のコンクリート版をバーなどで結合する。

解答・解説

コンクリート舗装の特徴

- コンクリートの曲げ抵抗で交通荷重を支えるので剛性舗装ともよばれる。
- アスファルト舗装に比べ耐久性に富んでいる。
- アスファルト舗装に比べ長い養生日数が必要である。
- アスファルト舗装の路面が黒色系であるのに比べ，路面が白色系のため照明効率が良い。

目地の分類

横目地	収縮目地
	伸縮（膨張）目地
縦目地	そり目地
	伸縮（膨張）目地

- 横収縮目地は，車線に直交方向に一定間隔に設ける。

コンクリート版の種類

普通コンクリート版	コンクリート版にあらかじめ目地を設け，コンクリート版に発生するひび割れを誘導する。
連続鉄筋コンクリート版	横目地を省いたもので，コンクリート版の横ひび割れを縦方向鉄筋で分散させる。
転圧コンクリート版	コンクリート版にあらかじめ目地を設け，目地部にダウエルバーやタイバーを使用しない。

問 1 答 (3) ★正しくは，

コンクリート舗装は，コンクリート版の曲げ抵抗で交通荷重を支えるので，剛性舗装ともよばれる。

問 2 答 (1) ★正しくは，

転圧コンクリート版は，コンクリート版にあらかじめ目地を設け，目地部にダウエルバーやタイバーを使用しない。

専門土木

23　道路のコンクリート舗装

問3 ★★★

道路のコンクリート舗装の施工に関する次の組合せのうち，**適当でないもの**はどれか。

(1) 横収縮目地のカッタによる目地溝は，所定の位置に所要の幅及び深さまで垂直に切り込んで設置する。

(2) コンクリートの練混ぜから舗設開始までの時間の限度の目安は，ダンプトラックで運搬する場合は約1時間以内とする。

(3) 鉄網及び縁部補強鉄筋を設置する場合は，その深さはコンクリート版の上面から2/3の深さを目標に設置する。

(4) 鉄網をコンクリート版に設置する場合，一般にその継手には重ね継手が用いられる。

解答・解説

普通コンクリート舗装の施工

- コンクリートの練混ぜから舗設開始までの時間の限度の目安は，ダンプトラックで運搬する場合は約 1 時間以内，アジテータトラックで運搬する場合は約 1.5 時間以内とする。
- 舗装用コンクリートのコンクリート版の厚さは 15 ～ 30 cm 程度で，路盤の支持力や交通荷重などにより決定する。
- 舗装の厚さを決めるもととなる路床は，路盤の下 1 m の部分である。

鉄網等の設置

- 地盤がよくない場合には，普通コンクリート版の中に鉄網を入れる。
- 鉄網及び縁部補強鉄筋を設置する場合は，その深さはコンクリート版の上面から 1/3 の深さとする。
- 鉄網を設置する場合，一般にその継手には重ね継手が用いられる。
- 鉄網及び縁部補強鉄筋を用いる場合の横収縮目地間隔は，版厚に応じて 8 m または 10 m とする。

施工方法

- 路盤の厚さが 30 cm 以上の場合は，上層路盤と下層路盤に分けて施工する。
- 舗装用コンクリートは，養生中の収縮が小さいものを使用する。
- 舗装用コンクリートは，一般にはスプレッダによって，均一に隅々まで敷き広げる。
- 舗装用コンクリートは，フィニッシャなどで一様かつ十分に締め固める。
- 表面仕上げは，荒仕上げ→平たん仕上げ→粗面仕上げの順に行う。
- コンクリート舗装版は，所定の強度になるまで湿潤状態を保つように養生する。
- 養生期間を試験によって定める場合は，現場養生を行った供試体の曲げ強度が，配合強度から求められる所定強度以上となるまでとする。
- コンクリート舗装は，施工後，設計強度の 70 ％以上になるまで交通開放しない。

問 3 答 (3) ★正しくは，

鉄網及び縁部補強鉄筋を設置する場合は，その深さはコンクリート版の上面から 1/3 の深さを目標に設置する。

専門
土木

24　コンクリートダム

問1
★★★

コンクリートダムに関する次の記述のうち，**適当でないもの**はどれか。

(1) ダム基礎掘削には，基礎岩盤に損傷を与えることが少なく，大量掘削が可能なベンチカット工法が用いられる。

(2) 転流工は，ダム本体工事を確実にまた容易に施工するため，工事期間中の河川の流れを迂回させるものである。

(3) グラウチングは，ダムの基礎岩盤の弱部の補強を目的とした最も一般的な基礎処理工法である。

(4) 中央コア型ロックフィルダムは，一般に堤体の中央部に透水性の高い材料を用い，上流及び下流部にそれぞれ遮水性の高い材料を用いて盛り立てる。

解答・解説

ダムの基礎掘削・基礎処理工

- 基礎掘削には，大量掘削に対応できるベンチカット工法が一般的である。
- 基礎掘削の施工では，計画掘削線に近づいたら発破掘削はさけ，人力やブレーカなどで岩盤が緩まないように注意する。
- 基礎処理工は，基礎岩盤として不適当な部分の補強・改良を行うものであり，グラウチングが最も一般的な工法であるる。
- 基礎処理工のグラウチングは，コンソリデーショングラウチングとカーテングラウチングを行う。
- カーテングラウチングを行うための監査廊は，ダム堤体の底部に設ける。

※監査廊…ダム完成後の監査，各種測定，排水，グラウト作業等を行うために，ダム堤体内部に設けられた通路。

フィルダム

- ダム近傍でも材料を得やすいため，運搬距離が短く，経済的に材料調達を行うことができる。
- 材料に大量の岩石や土などを使用するダムであり，岩石を主体とするダムをロックフィルダムという。
- 中央コア型ロックフィルダムでは，一般的に堤体の中央部に遮水用の土質材料を，上・下流部には透水性の高い材料を用いる。

転流工

- 転流工は，ダム本体工事を確実にまた容易に施工するため，工事期間中の河川の流れを迂回させるものである。
- 比較的川幅が狭く，流量が少ない日本の河川では仮排水トンネル方式が多く用いられている。

問1 答 (4) ★正しくは，

　中央コア型ロックフィルダムは，一般に堤体の中央部に遮水性の高い材料を用い，上流及び下流部にそれぞれ透水性の高い材料を用いて盛り立てる。

専門土木

24 コンクリートダム

問２ ★★

コンクリートダムのRCD工法に関する次の記述のうち，**適当でないもの**はどれか。

(1) コンクリートの敷均しは,ブルドーザなどを用いて行うのが一般的である。

(2) コンクリートの運搬は，一般にダンプトラックを使用し，地形条件によってはインクライン方式などを併用する方法がある。

(3) RCD工法での水平打継ぎ目は，各リフトの表面が構造的な弱点とならないように，一般的にモータースイーパーなどでレイタンスを取り除く。

(4) コンクリートの締固めは,バイブロドーザなどの内部振動機で締め固める。

問３ ★★

コンクリートダムのRCD工法に関する次の記述のうち，**適当でないもの**はどれか。

(1) コンクリートダムのRCD工法における縦継目は，ダム軸に対して直角方向に設ける。

(2) コンクリートの横継目は，敷均し後に振動目地切り機などを使って設置する。

(3) RCD工法でのコンクリート打設後の養生は，スプリンクラーやホースなどによる散水養生を実施する。

(4) RCD用コンクリートは，硬練りで単位セメント量が少ないため，水和熱が小さく，ひび割れを防止するコンクリートである。

解答・解説

ダムの打設工法

柱状工法	• ブロック工法　• レヤー工法
面状工法	• RCD 工法　• 拡張レヤー工法

RCD 工法

- RCD 用コンクリートは，硬練りで単位セメント量が少ないため，水和熱が小さく，ひび割れを防止するコンクリートである。
- コンクリートの運搬は一般にダンプトラックを使用し，ブルドーザで敷き均し，振動ローラなどで締め固める。
- 横継目は，ダム軸に対して直角方向に設け，コンクリートの敷均し後に振動目地切機などを使って設置する。
- 水平打継ぎ目は，各リフトの表面が構造的な弱点とならないように，一般的にモータースイーパーなどでレイタンスを取り除く。
- コンクリート打設後の養生は，スプリンクラーやホースなどによる散水養生を実施する。

問 2 答 (4) ★正しくは，

コンクリートの締固めには，振動ローラなどを用いる。バイブロドーザなどの内部振動機は，ブロック工法で用いられる。

問 3 答 (1) ★正しくは，

コンクリートダムの RCD 工法における横継目は，ダム軸に対して直角方向に設ける。なお，縦継目は設けない。

専門
土木

25 トンネルの山岳工法

問1
★★★

トンネルの山岳工法における掘削に関する次の記述のうち，**適当でないもの**はどれか。

(1) 発破掘削は，切羽の中心の一部を先に爆破し，これによって生じた新しい自由面を次の爆破に利用して掘削するものである。

(2) 掘削機械には，全断面掘削機と自由断面掘削機の２種類がある。

(3) 全断面工法は，トンネルの全断面を一度に掘削する工法で，大きな断面のトンネルや，軟弱な地山に用いられる。

(4) ベンチカット工法は，トンネル断面を上半分と下半分に分けて掘削する方法である。

問2
★★★

トンネルの山岳工法における支保工に関する次の記述のうち，**適当でないもの**はどれか。

(1) 吹付けコンクリートは，地山の凹凸を残すように吹付け，地山との付着を確実に確保する。

(2) 支保工は，掘削後の断面維持，岩石や土砂の崩壊防止，作業の安全確保のために設ける。

(3) 鋼製支保工がある場合の吹付けコンクリートは，コンクリートと鋼製支保工が一体となるように注意して吹付けする。

(4) ロックボルトは，特別な場合を除き，トンネル掘削面に対して直角に設ける。

解答・解説

掘削工法

全断面工法	トンネルの全断面を一度に掘削する工法で，小断面のトンネルや，安定した地山に用いられる。
ベンチカット工法	トンネル断面を上半分と下半分に分けて掘削する。
中壁分割工法	大断面掘削の場合に用いられ，トンネル断面を左半分と右半分に分けて掘削する。
導坑先進工法	地盤支持力が不足する場合に用いられ，トンネル断面を数個の小さな断面に分け，徐々に切り広げていく。

掘削機械

全断面掘削機	• トンネルボーリングマシン
自由断面掘削機	• ブーム掘削機 • バックホゥ • 大型ブレーカ

発破掘削

- 地質が硬岩質などの場合に用いられる。
- 切羽の中心の一部を先に爆破し，これによって生じた新しい自由面を次の爆破に利用して掘削する。
- 発破孔の穿孔には，ドリルジャンボがよく用いられる。

問１ 答 (3) ★正しくは，

全断面工法は，トンネルの全断面を一度に掘削する工法で，小さな断面のトンネルや，安定した地山に用いられる。

問２ 答 (1) ★正しくは，

吹付けコンクリートは，地山の凹凸を埋めるように吹付け，地山との付着を確実に確保する（参考→ p.83）。

専門土木

25 トンネルの山岳工法

問３ ★★

トンネルの山岳工法における覆工に関する次の記述のうち，**適当でないもの**はどれか。

(1) 覆工コンクリートの打込み前には，コンクリートの圧力に耐えられる構造のつま型枠を，モルタル漏れなどがないように取り付ける。

(2) 打込み終了後の覆工コンクリートは，硬化に必要な温度及び湿度を保ち，適切な期間にわたり養生する。

(3) 覆工コンクリートの打込み時には，適切な打上がり速度となるように，覆工の片側から一気に打ち込む。

(4) 覆工コンクリートの締固めには，内部振動機を用い，打込み後速やかに締め固める。

問４ ★★

山岳トンネル施工時の観察・計測に関する次の記述のうち，**適当でないもの**はどれか。

(1) 観察・計測結果は，トンネルの現状を把握し，今後の予測や設計，施工に反映しやすいように速やかに整理する。

(2) 観察・計測頻度は，切羽の進行を考慮し，掘削直後は疎に，切羽が離れるに従って密になるように設定する。

(3) 観察・計測位置は，観察結果や各計測項目相互の関連性が把握できるよう，断面位置を合わせるとともに，計器配置をそろえる。

(4) 観察・計測の結果は，支保工の妥当性を確認するために活用できる。

解答・解説

支保工の施工

- 支保工の施工は，掘削後速やかに行い，支保工と地山をできるだけ密着あるいは一体化させる。
- 鋼製（鋼アーチ式）支保工は，一次吹付けコンクリート施工後速やかに建て込む。

吹付けコンクリート

- 吹付けノズルを吹付け面に直角に向けて行う。
- 地山の凹凸を埋めるように吹付ける。

ロックボルト

- 特別な場合を除き，トンネル掘削面に対して直角に設ける。

覆工コンクリート

- 打込み前に，コンクリートの圧力に耐えられる構造のつま型枠を取り付ける。
- 打込みは，適切な打上がり速度となるように，覆工の両側から左右均等に打ち込む。
- 締固めには，内部振動機を用い，打込み後速やかに締め固める。

施工時の観察・計測

観察・計測位置	観察結果や各計測項目相互の関連性が把握できるよう，断面位置を合わせ，計器配置をそろえる。
観察・計測頻度	掘削直後は密に，切羽が離れるに従って疎になるように設定する。
観察・計測結果	施工に反映するために，計測データを速やかに整理する。

問 3 答 (3) ★正しくは，

覆工コンクリートの打込み時には，適切な打上がり速度となるように，覆工の両側から左右均等に打ち込む。

問 4 答 (2) ★正しくは，

観察・計測頻度は，切羽の進行を考慮し，掘削直後は密に，切羽が離れるに従って疎になるように設定する。

専門土木

26　海岸堤防

問１ ★★

海岸堤防の形式に関する次の記述のうち，**適当でないもの**はどれか。

(1) 混成型は，水深が割合に深く比較的軟弱な基礎地盤に適する。

(2) 直立型は，比較的良好な地盤で，堤防用地が容易に得られない場合に適している。

(3) 緩傾斜型は，堤防用地が広く得られる場合や，海水浴場等に利用する場合に適している。

(4) 傾斜型は，比較的軟弱な地盤で，堤体土砂が容易に得られない場合に適している。

問２ ★★

海岸堤防の異形コンクリートブロックによる消波工の施工に関する次の記述のうち，**適当でないもの**はどれか。

(1) 層積みは，規則正しく配列する積み方で整然と並び外観が美しく，設計どおりの据付けができ安定性がよい。

(2) 乱積みは，荒天時の高波を受けるたびに沈下し，徐々にブロックどうしのかみ合わせが悪くなり不安定になってくる。

(3) 消波工は，波の打上げ高さを小さくすることや，波による圧力を減らすために堤防の前面に設けられる。

(4) 層積みは，乱積みに比べて据付けに手間がかかり，海岸線の曲線部などの施工が難しい。

解答・解説

海岸堤防の形式と適用

傾斜型	基礎地盤が比較的軟弱で，堤体土砂が容易に得られる場合に適する。
緩傾斜型	堤防用地が広く得られる場合や，海水浴場等に利用する場合に適している。
直立型	基礎地盤が比較的良好で，堤防用地が容易に得られない場合に適する。
混成型	水深が割合に深く，基礎地盤が比較的軟弱な場合に適する。

異形コンクリートブロックによる消波工

- 消波工は，波の打上げ高さを小さくすることや，波による圧力を減らすために堤防の前面に設けられる。

異形コンクリートブロック

- ブロックとブロックの間を波が通過することにより，波のエネルギーを減少させる。

異形コンクリートブロックの据付け方

層積み	• 規則正しく配列する積み方で整然と並び外観が美しく，設計どおりの据付けができ安定性がよい。 • 乱積みに比べて据付けに手間がかかり，海岸線の曲線部などの施工が難しい。
乱積み	• 層積みと比べて据付けは容易だが，据付け時のブロックの安定性が悪い。 • 高波を受けるたびに沈下し，徐々にブロックどうしのかみあわせがよくなる。

問 1 答 (4) ★正しくは，

傾斜型は，比較的軟弱な地盤で，堤体土砂が比較的容易に得られる場合に適している。

問 2 答 (2) ★正しくは，

乱積みは，荒天時の高波を受けるたびに沈下し，徐々にブロックのかみ合わせがよくなり安定してくる。

専門
土木

27　ケーソン式混成堤の施工

問１
★★★

ケーソン式混成堤の施工に関する次の記述のうち，**適当でないもの**はどれか。

(1) ケーソンの据付けは，起重機船や引き船などを併用してワイヤー操作によってケーソンの位置を決めて注水しながら徐々に沈設する。

(2) ケーソンは，注水開始後，着底するまで中断することなく注水を連続して行い据え付ける。

(3) 海面がつねにおだやかで，大型起重機船が使用できるなら，進水したケーソンを据付け場所までえい航して据付けることができる。

(4) ケーソンは，波浪や風などの影響でえい航直後の据付けが困難な場合には，波浪のない安定した時期まで沈設して仮置きする。

解答・解説

ケーソン式混成堤の施工

- ケーソンは，波の静かなときを選び，一般にケーソンにワイヤーをかけて，引き船でえい航する。
- 海面がつねにおだやかで，大型起重機船が使用できるなら，進水したケーソンを据付け場所までえい航して据付けることができる。
- 波浪や風などの影響でえい航直後の据付けが困難な場合には，波浪のない安定した時期まで沈設して仮置きする。
- ケーソンの据付けは，起重機船や引き船などを併用してワイヤー操作によってケーソンの位置を決めて注水しながら徐々に沈設する。
- ケーソンの底面が据付け面に近づいたら，注水を一時止め，潜水士によって正確な位置を決めたのち，ふたたび注水して正しく据え付ける。
- ケーソンは，据え付けたらすぐに，内部に中詰めを行い，安定性を高めなければならない。
- ケーソンの中詰め材は，土砂，割り石，コンクリート，プレパックドコンクリートなどを使用する。
- 中詰め後は，波によって中詰め材が洗い出されないように，ケーソンのふたとなるコンクリートを打設する。
- ケーソンの構造は，えい航，浮上，沈設を行うため，水位を調整しやすいように，それぞれの隔壁に通水孔を設ける。

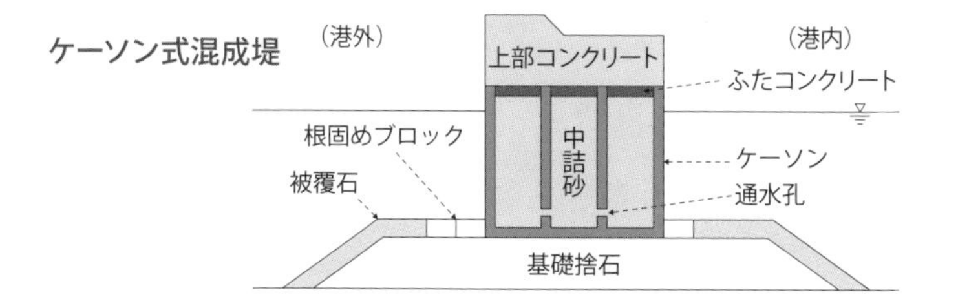

問１ 答（2） ★正しくは，

ケーソンは，ケーソンの底面が据付け面に近づいたら，注水を一時止め，潜水士によって正確な位置を決めたのち，ふたたび注水して据え付ける。

専門
土木

28　浚渫工事の施工

問１　★★

グラブ浚渫船の施工に関する次の記述のうち，**適当なもの**はどれか。

(1) グラブ浚渫後の出来形確認測量には，原則として音響測探機は使用できない。

(2) 非航式グラブ浚渫船の標準的な船団は，グラブ浚渫船と土運船のみで構成される。

(3) グラブ浚渫船は，ポンプ浚渫船に比べ，底面を平たんに仕上げるのが難しい。

(4) グラブ浚渫船は，岸壁などの構造物前面の浚渫や狭い場所での浚渫には使用できない。

問２　★★

浚渫船の「種類」と「主な特徴」に関する次の組合せのうち，**適当でないもの**はどれか。

	[種類]		[主な特徴]
(1)	ディッパー浚渫船	…	硬質な地盤の浚渫に適する。
(2)	バケット浚渫船	……	大規模な浚渫に適するが，風浪に対する作業性が低い。
(3)	バックホゥ浚渫船	…	狭い作業場所や構造物の近くでも作業できる。
(4)	ポンプ浚渫船	……	広範囲の地質条件に対応し，大量の浚渫や埋立てに適する。

解答・解説

浚渫船の種類と特徴

ポンプ浚渫船	• グラブ浚渫船に比べ底面を平坦に仕上げるのが容易。 • 広範囲の地質条件に対応でき，大量の浚渫や埋立てに適する。
グラブ浚渫船	• ポンプ浚渫船に比べ，底面を平たんに仕上げるのが難しい。 • 岸壁など構造物前面の浚渫や狭い場所での浚渫にも使用できる。 • 非航式グラブ浚渫船の標準的な船団は，グラブ浚渫船と土運船のほかに引き船，自航揚びょう船で構成される。
バケット浚渫船	• 大規模で広範囲の浚渫に適し，風浪に対する作業性もよい。
ディッパー浚渫船	• 硬質地盤の浚渫に適する。
バックホゥ浚渫船	• 狭い作業場所や構造物の近くでも作業できる。

出来形確認測量

• 原則として音響測深機により，工事現場にグラブ浚渫船がいる間に行う。

問 1 **答** (3) ★正しい (1) (2) (4) は，

(1) グラブ浚渫後の出来形確認測量には，原則として音響測探機を使用する。

(2) 非航式グラブ浚渫船の標準的な船団は，グラブ浚渫船と土運船のほかに引き船，自航揚びょう船で構成される。

(4) グラブ浚渫船は，岸壁など構造物前面の浚渫や狭い場所での浚渫にも使用できる。

問 2 **答** (2) ★正しくは，

バケット浚渫船は，大規模な浚渫に適し，風浪に対する作業性もよい。

専門
土木

29　鉄道工事

問1
★★★

鉄道の砕石路盤の施工に関する次の記述のうち，**適当でないもの**はどれか。

(1) 締固めは，ローラで一通り軽く転圧した後，再び整形して，形状が整ったらロードローラ，振動ローラ，タイヤローラなどを併用して十分に締め固める。

(2) 砕石路盤は，軌道を安全に支持し，路床へ荷重を分散伝達し，有害な沈下や変形を生じないなどの機能を有する必要がある。

(3) 敷き均した材料は，降雨などにより適正な含水比に変化を及ぼさないよう，原則として水平・平滑に締固めをその日のうちに完了させる。

(4) 敷均しは，モータグレーダや人力により，1層の仕上り厚さが均等になるように行う。

解答・解説

鉄道盛土の施工

- 草木・雑物などが盛土と支持地盤との間に入らないよう，これらを取り除いてから施工する。
- 地盤が傾斜している場合の盛土の施工は，傾斜面に**段切り**などを施す。
- 降雨対策のため，毎日の作業終了時には，表面に３％程度の**横断勾配**を設ける。

鉄道路盤の役割

- 軌道を安全に支持し，軌道に対して適切な**弾性**を与える。
- 路床の**軟弱化**防止。
- 路床への荷重の**分散**伝達。
- 道床内の**水**の排除。

砕石路盤の施工

- 噴泥が生じにくい材料の多層の構造とし，圧縮性が**小さい**材料を使用する。
- モータグレーダや人力により行い，１層の仕上り厚さが均等になるように敷き均す。
- 敷き均した材料は，降雨などにより適正な含水比に変化を及ぼさないよう，**排水勾配**をつけ，平滑に締固めをその日のうちに完了させる。
- ローラで軽く転圧した後，再び整形して，形状が整ったらロードローラ，振動ローラ，タイヤローラなどを併用して十分に締め固める。
- 砕石路盤の施工管理においては，路盤の層厚，平坦性，締固めの程度などが確保できるよう留意する。

問１ 答 (3) ★正しくは，

敷き均した材料は，降雨などにより適正な含水比に変化を及ぼさないよう，**排水勾配をつけ**，平滑に締固めをその日のうちに完了させる。

専門土木

29　鉄道工事

問2 ★★

鉄道の道床バラストに関する次の記述のうち，**適当でないもの**はどれか。

(1) 道床の役割は，マクラギから受ける圧力を均等に広く路盤に伝えることや，排水を良好にすることである。

(2) 道床バラストに砕石が用いられる理由は，荷重の分布効果に優れ，マクラギの移動を抑える抵抗力が大きいためである。

(3) 道床バラストに用いる砕石は，強固で耐摩耗性に優れ，せん断抵抗角の大きいものを選定する。

(4) 道床に用いるバラストは，単位容積重量や吸水率が大きく，適当な粒径，粒度を持つ材料を使用する。

問3 ★★

鉄道の「軌道の用語」と「説明」に関する次の組合せのうち，**適当でないもの**はどれか。

[軌道の用語]　[説明]

(1) 緩和曲線……鉄道車両の走行を円滑にするため直線と円曲線，又は二つの曲線の間に設けられる特殊な線形のこと

(2) スラック……曲線部において列車通過を円滑にするため軌間を拡大すること

(3) 定尺レール…長さ30 mのレール

(4) カント………車両が曲線を通過するときに遠心力により外方に転倒することを防止するために外側のレールを高くすること

解答・解説

道床バラストの材料

- 適当な粒形，粒度分布の材料を用いる。
- 単位容積重量が大きく，吸水率が小さい材料を用いる。
- 道床バラストに用いる砕石は，強固で耐摩耗性に優れ，せん断抵抗角の大きいものを用いる。

道床バラストに砕石が使われる理由

- 荷重の分布効果に優れる。
- マクラギの移動を抑える抵抗力が大きい。

軌道に関する用語

バラスト	マクラギと路盤の間に用いられる砂利や砕石などの粒状体。
スラブ軌道	プレキャストコンクリート版を用いた軌道。
緩和曲線	鉄道車両の走行を円滑にするため直線と円曲線，または2つの曲線間に設けられた特殊な線形。
カント	車両が曲線を通過するときに遠心力により外方に転倒することを防止するために外側のレールを高くすること。
スラック	曲線部において列車通過を円滑にするため軌間を拡大すること。
レールレベル	レール頭部の頂面を示す基準面。
定尺レール	長さ 25 m のレール。
ロングレール	長さ 200 m 以上のレール。

問2 答 (4) ★正しくは，

道床に用いるバラストは，単位容積重量が大きく，吸水率が小さい，適当な粒径，粒度を持つ材料を使用する。

問3 答 (3) ★正しくは，

定尺レールとは，長さ 25 m のレールのことである。

専門土木 30 営業線内工事における工事保安体制

問１ ★★★

鉄道（在来線）の営業線内又はこれに近接して工事を施工する場合の保安対策に関する次の記述のうち，**適当でないもの**はどれか。

(1) 工事の施工により支障となるおそれのある構造物については，工事管理者の立会を受け，その防護方法を定める。

(2) 停電責任者は，工事現場ごとに専任の者を配置しなければならない。

(3) １名の列車見張員では見通し距離を確保できない場合は，見通し距離を確保できる位置に中継列車見張員を増員する。

(4) 工事管理者は，工事現場ごとに専任の者を常時配置しなければならない。

問２ ★★★

鉄道の営業線近接工事における工事従事者の任務に関する下記の説明文に該当する**工事従事者の名称**は，次のうちどれか。

「工事又は作業終了時における列車又は車両の運転に対する支障の有無の工事管理者等への確認を行う。」

(1) 線閉責任者

(2) 停電作業者

(3) 列車見張員

(4) 踏切警備員

解答・解説

工事保安体制

工事管理者 軌道工事管理者	•「工事管理者資格認定証」または「軌道工事管理者資格認定証」を有する者でなければならない。 • 工事現場ごとに専任の者を常時配置し，必要により複数配置しなければならない。
列車見張員	• 1名の列車見張員では見通し距離を確保できない場合は，見通し距離を確保できる位置に中継列車見張員を増員する。 • 工事現場ごとに専任の者を配置しなければならない。 • 信号炎管・合図灯・呼笛・時計・時刻表・緊急連絡表を携帯しなければならない。
軌道作業責任者	• 作業集団ごとに専任の者を常時配置しなければならない。
線閉責任者	• 線路閉鎖が必要な作業を行う場合に配置する。
停電責任者	• 工事区間を一時的に停電させる必要がある場合に配置する。

線閉責任者の任務

- 工事または作業終了時における列車または車両の運転に対する支障の有無を確認し，工事管理者等へ連絡する。
- 線路閉鎖工事が作業時間帯に終了できないと判断した場合は，施設指令員に連絡し，その指示を受ける。

問1 答 (2) ★正しくは，

停電責任者は，工事区間を一時的に停電させる必要がある場合に配置する。

問2 答 (1) ★補足すると，

線閉責任者は，専任の者を常時配置しなければならないのではなく，線路閉鎖が必要な作業を行う場合に配置する。

専門土木

30 営業線内工事における工事保安体制

問３ ★★★

鉄道（在来線）の営業線内又はこれに近接して工事を施工する場合の保安対策に関する次の記述のうち，**適当でないもの**はどれか。

(1) 複線以上の路線での積おろしの場合は，列車見張員を配置し車両限界をおかさないように材料を置く。
(2) 車両限界とは，車両が超えてはならない空間を示すものである。
(3) 建築限界は，車両限界の外側に最小限必要な余裕空間を確保したものである。
(4) 営業線に近接した重機械による作業は，列車の近接から通過の完了まで作業を一時中止する。

問４ ★★

鉄道（在来線）の営業線路内及び営業線近接工事の保安対策に関する次の記述のうち，**適当でないもの**はどれか。

(1) 工事現場にて事故発生のおそれが生じた場合は，直ちに列車防護の手配をとるとともに関係箇所へ連絡する。
(2) クレーンブームはこれを下げたことを確認してから走行する。
(3) 重機械の運転者は，重機械安全運転の講習会修了証の写しを添えて，監督員等の承認を得る。
(4) 列車接近合図を受けたら，安全を確認しながら作業する。

解答・解説

建築限界と車両限界

建築限界	• 建造物等が入ってはならない空間を示すものであり，車両限界の外側に最小限必要な余裕空間を確保したものである。 • 曲線における建築限界は，車両の偏いに応じて拡大する。
車両限界	• 車両が超えてはならない空間を示すものである。 • 曲線における車両限界は，車両の偏いに応じて拡大する。

工事保安対策

- 列車接近合図を受けた場合は，作業を中断する。
- 重機械による作業は，列車の近接から通過の完了まで作業を一時中止する。
- 複線以上の路線での積おろしの場合は，列車見張員を配置し建築限界をおかさないように材料を置く。
- 事故発生により列車運行に支障するおそれが生じた場合は，直ちに列車防護の手配を取るとともに関係箇所へ連絡し，その指示を受ける。
- 重機械の運転者は，重機械安全運転の講習会修了証の写しを添えて，監督員等の承認を得る。
- 重機械の使用を変更する場合は，必ず監督員等の承諾を受けて実施する。
- ダンプ荷台やクレーンブームはこれを下げたことを確認してから走行する。
- 信号区間では，金属による短絡（ショート）を防止する。

問 3 答 (1) ★正しくは，

複線以上の路線での積おろしの場合は，列車見張員を配置し建築限界をおかさないように材料を置く。

問 4 答 (4) ★正しくは，

列車接近合図を受けたら，作業を中断する。

専門
土木

31　シールド工法

問１
★★

シールド工法に関する次の記述のうち，**適当でないもの**はどれか。

(1) 密閉型シールドは，フード部とガーダー部が隔壁で仕切られている。

(2) シールドのガーダー部は，セグメントの組立て作業ができる。

(3) シールド工法は，開削工法が困難な都市部の下水道工事や地下鉄工事などで用いられる。

(4) シールドマシンは，フード部，ガーダー部及びテール部の三つに区分される。

問２
★★

シールド工法に関する次の記述のうち，**適当でないもの**はどれか。

(1) 土圧式シールド工法は，切羽の土圧と掘削した土砂が平衡を保ちながら掘進する工法である。

(2) 泥水式シールド工法は，大きい径の礫の排出に適している工法である。

(3) 泥土圧式シールド工法は，掘削した土砂に添加剤を注入して泥土状とし,その泥土圧を切羽全体に作用させて平衡を保つ工法である。

(4) シールド工法は，コンクリートや鋼材などで作ったセグメントで覆工を行う工法である。

解答・解説

シールド工法

- 開削工法が困難な都市の下水道工事や地下鉄工事などで用いられる。
- シールドをジャッキで推進し，掘削しながらコンクリート製や鋼製のセグメントで覆工を行う工法である。
- セグメントの外径は，シールドの掘削外径より小さくなる。
- 密閉型シールド工法は，フード部とガーダー部が隔壁で仕切られている。

シールドマシンの構造

フード部	切削機構で切羽を安定させて掘削作業ができる。
ガーダー部	カッターヘッド駆動装置，排土装置やジャッキでの推進作業ができる。
テール部	セグメントの組立て作業ができる。

密閉型シールド工法の種類

土圧式	• 切羽の土圧と掘削した土砂が平衡を保ちながら掘進する工法。 • 一般に，粘性土地盤に適し，スクリューコンベヤで排土を行う。
泥土圧式	• 掘削した土砂に添加剤を注入し，泥土圧を切羽全体に作用させて平衡を保つ工法。
泥水式	• 泥水を循環させ切羽の安定を保つと同時に，カッターで切削された土砂を泥水とともに坑外まで流体輸送する工法で，大きい径の礫の排出には適さない。

問１ 答 (2) ★正しくは，

シールドのテール部は，セグメントの組立て作業ができる。

問２ 答 (2) ★正しくは，

泥水式シールド工法は，大きい径の礫の排出に適していない。

専門
土木

32　上水道管の布設工事

問１
★★

上水道の管布設工に関する次の記述のうち，**適当でないもの**はどれか。

(1) 管の布設は，原則として高所から低所に向けて行う。
(2) 鋼管の据付けは，管体保護のため基礎に良質の砂を敷き均して行う。
(3) 管を掘削溝内につり下ろす場合は，溝内のつり下ろし場所に作業員を立ち入らせない。
(4) 管の切断は，管軸に対して直角に行う。

問２
★★

上水道に用いる配水管の種類と特徴に関する次の記述のうち，**適当でないもの**はどれか。

(1) ダクタイル鋳鉄管は，管体強度が大きく，じん性に富み，衝撃に強い。
(2) 硬質ポリ塩化ビニル管は，内面粗度が変化せず，耐食性に優れ，質量が小さく施工性がよい。
(3) 鋼管は，管体強度が大きく，じん性に富み，衝撃に強く，外面を損傷しても腐食しにくい。
(4) ステンレス鋼管は，管体強度が大きく，耐久性があり，ライニング，塗装を必要としない。

解答・解説

上水道の管布設工

- 管の布設作業は，原則として低所から高所に向けて行い，受口のある管は受口を高所に向けて配管する。
- 急勾配の道路に沿って管を布設する場合には，管体のずり下がり防止のための止水壁を設ける。
- 管の切断は，管軸に対して直角に行う。
- 管を掘削溝内につり下ろす場合は，溝内のつり下ろし場所に作業員を立ち入らせない。
- 管周辺の埋戻しは，現地盤と同程度以上の密度になるように管の両面から均等に行う。

導水管・配水管の種類と特徴等

ダクタイル鋳鉄管	• 管体強度が大きく，じん性に富み，衝撃に強い。 • 切断は，切断機で行うことを標準とし，異形管は切断しない。 • 接合に用いるメカニカル継手は，伸縮性や可とう性があり，地盤の変動に対応できる。
鋼管	• 管体強度が大きく，じん性に富み，衝撃に強いが，外面を損傷すると腐食しやすい。 • 据付けは，管体保護のため基礎に良質の砂を敷き均して行う。 • 溶接継手は，管と一体化して地盤の変動に対応できる。
硬質ポリ塩化ビニル管	• 内面粗度が変化せず，耐食性に優れ，軽く，施工性がよい。
ステンレス鋼管	• 管体強度が大きく，耐久性があり，ライニングや塗装を必要としない。 • 異種金属と接続させる場合は絶縁処理を必要とする。

問１ 答 (1) ★正しくは，

管の布設は，原則として低所から高所に向けて行う。

問２ 答 (3) ★正しくは，

鋼管は，管体強度が大きく，じん性に富み，衝撃に強いが，外面を損傷すると腐食しやすい。

専門
土木

33　下水道管渠の施工

問１
★★

下水道管渠の接合方式に関する次の記述のうち，**適当でないもの**はどれか。

(1) 水面接合は，管渠の中心を一致させ接合する方式である。

(2) 段差接合は，特に急な地形などでマンホールの間隔などを考慮しながら，階段状に接合する方式である。

(3) 管底接合は，上流が上がり勾配の地形に適し，ポンプ排水の場合は有利である。

(4) 管頂接合は，下流が下り勾配の地形に適し，下流ほど管渠の埋設深さが増して工事費が割高になる場合がある。

問２
★★

下水道管渠の剛性管の施工における「地盤の土質区分」と「基礎工の種類」に関する次の組合せのうち，**適当でないもの**はどれか

［地盤の土質区分］　　　　　　　　　［基礎工の種類］

(1) 砂，ローム及び砂質粘土 ……………………… まくら木基礎

(2) シルト及び有機質土 ………………………… コンクリート基礎

(3) 硬質粘土，礫混じり土及び礫混じり砂 …… 鉄筋コンクリート基礎

(4) 非常にゆるいシルト及び有機質土 ………… はしご胴木基礎

解答・解説

下水道管渠の接合方式

水面接合	• 概ね計画水位を一致させて接合する方式。
管頂接合	• 管渠の内面の管頂部の高さを一致させ接合する方式。 • 下流が下り勾配の地形に適し，下流ほど管渠の埋設深さが増して工事費が割高になる場合がある。
管底接合	• 管渠の内面の管底部の高さを一致させ接合する方式。 • 上流が上がり勾配の地形に適し，ポンプ排水の場合は有利である。
管中心接合	• 管渠の中心を一致させ接合する方式。
階段接合	• 急な勾配の地形での大口径管渠，現場打ち管渠などの接続に用いる方式。
段差接合	• 特に急な地形などでマンホールの間隔などを考慮しながら，階段状に接合する方式。

剛性管の基礎工

基礎の種類	地盤の土質
砂基礎，砕石基礎	礫混じり土，礫混じり砂等の硬質土
コンクリート基礎，鉄筋コンクリート基礎	シルト，有機質土の軟弱土
まくら木基礎	砂，ローム，砂質粘土の普通土
はしご胴木基礎	非常にゆるいシルト，有機質土の軟弱土
鳥居基礎	極軟弱土で地耐力を期待できない場合

問 1 答 (1) ★正しくは，

水面接合は，計画水位を一致させて接合する方式である。

問 2 答 (3) ★正しくは，

硬質粘土，礫混じり土及び礫混じり砂の場合は，砂基礎や砕石基礎を用いる。

第一次検定　第 2 章

法規

法規　1 労働基準法

問1 ★★★

年少者の就業に関する次の記述のうち，労働基準法上，**誤っているもの**はどれか。

(1) 使用者は，原則として，満18歳に満たない者を，午後10時から午前5時までの間において使用してはならない。

(2) 使用者は，満18歳に満たない男性を20 kg以上の重量物を継続的に取り扱う業務に就かせてはならない。

(3) 使用者は，満18歳に満たない者を坑内で労働させてはならない。

(4) 使用者は，児童が満16歳に達する日までに，この者を使用してはならない。

問2 ★★

年少者の就業に関する次の記述のうち，労働基準法上，**誤っているもの**はどれか。

(1) 使用者は，満18歳に満たない者にクレーン，デリック又は揚貨装置の運転の業務をさせてはならない。

(2) 使用者は，満18歳に満たない者に，運転中の機械の危険な部分の掃除，注油，検査若しくは修繕をさせてはならない。

(3) 使用者は，満16歳に達した者を，著しくじんあい若しくは粉末を飛散する場所における業務に就かせることができる。

(4) 使用者は，満18歳に満たない者について，その年齢を証明する戸籍証明書を事業場に備え付けなければならない。

解答・解説

年少者の就業制限

- 使用者は，原則として，児童が満 15 歳に達した日以後の最初の 3 月 31 日が終了してから，これを使用することができる。
- 使用者は，交替制によって使用する満 16 歳以上の男性を除き，原則として満 18 歳に満たない者を午後 10 時から午前 5 時までの間において使用してはならない。

満 18 歳未満の者を就かせてはならない主な危険有害業務

- クレーン，デリックまたは揚貨装置の運転の業務
- 運転中の機械の危険な部分の掃除，給油，検査，修理等の業務
- 動力により駆動される土木建築用機械の運転の業務
- 足場の組立，解体または変更の業務（地上または床上における補助作業の業務を除く）
- 著しくじんあいもしくは粉末を飛散する場所における業務
- 坑内労働

重量物を取り扱う業務の限度

年齢・性別		重量（kg）	
		断続作業	継続作業
満 16 歳未満	女	12	8
	男	15	10
満 16 歳以上 満 18 歳未満	女	25	15
	男	30	20

問 1 答 (4) ★正しくは，

使用者は，原則として，児童が満 15 歳に達した日以後の最初の 3 月 31 日が終了するまでは，これを使用してはならない。

問 2 答 (3) ★正しくは，

使用者は，満 18 歳に達した者を，著しくじんあいもしくは粉末を飛散する場所における業務に就かせることができる。

法規

1　労働基準法

問3
★★★

労働時間，休憩，休日に関する次の記述のうち，労働基準法上，**誤っているもの**はどれか。

(1) 使用者は，災害その他避けることのできない事由によって，臨時の必要がある場合においては，制限なく労働時間を延長させることができる。

(2) 使用者は，原則として労働者に，休憩時間を除き1週間について40時間を超えて，労働させてはならない。

(3) 使用者は，原則として1週間の各日については，労働者に，休憩時間を除き1日について8時間を超えて，労働させてはならない。

(4) 使用者は，原則として労働時間が6時間を超える場合においては，少くとも45分間の休憩時間を労働時間の途中に与えなければならない。

解答・解説

労働時間

- 使用者は，労働者に，休憩時間を除き 1 週間について 40 時間を超えて，労働させてはならない。
- 使用者は，1 週間の各日については，労働者に，休憩時間を除き 1 日について 8 時間を超えて労働させてはならない。

災害等による臨時の必要がある場合の時間外労働

- 災害その他避けることのできない事由によって臨時の必要がある場合，使用者は，行政官庁の許可を受けて，その必要の限度において，労働時間を延長することができる。

休憩

- 使用者は、労働時間が 6 時間を超える場合においては少くとも 45 分、8 時間を超える場合においては少くとも 1 時間の休憩時間を労働時間の途中に与えなければならない。
- 休憩時間は，原則として，一斉に与えなければならない。

休日

- 使用者は，労働者に対して，原則として，毎週少くとも 1 回の休日を与えなければならない。
- 使用者は，毎週 1 回に代えて，4 週間を通じ 4 日以上の休日を与えることができる。

年次有給休暇

- 使用者は，その雇入れの日から起算して 6 箇月間継続勤務し全労働日 8 割以上出勤した労働者に対して，10 労働日の有給休暇を与えなければならない。

問 3 答 (1) ★正しくは，

使用者は，災害その他避けることのできない事由によって，臨時の必要がある場合においては，その必要の限度において労働時間を延長させることができる。

法規

1　労働基準法

問4
★★

災害補償に関する次の記述のうち，労働基準法上，誤っているものはどれか。

(1) 労働者が業務上負傷し，又は疾病にかかった場合においては，使用者は，療養補償により必要な療養を行い，又は必要な療養の費用を負担しなければならない。

(2) 労働者が災害補償を受ける権利は，労働者の退職によって変更されることはない。

(3) 使用者は，労働者の療養期間中の平均賃金の全額を休業補償として支払わなければならない。

(4) 使用者は，労働者が重大な過失によって業務上負傷し，かつ使用者がその過失について行政官庁の認定を受けた場合においては，休業補償を行わなくてもよい。

解答・解説

療養補償

- 労働者が業務上負傷し，または疾病にかかった場合においては，使用者は，その費用で必要な療養を行い，または必要な療養の費用を負担しなければならない。

休業補償

- 労働者が療養のため，労働することができないために賃金を受けない場合においては，使用者は，労働者の療養中平均賃金の 60 %の休業補償を行わなければならない。

障害補償

- 労働者が業務上負傷し，または疾病にかかり，治った場合において，その身体に障害が存するときは，使用者は，その障害の程度に応じて，平均賃金に所定の日数を乗じて得た金額の障害補償を行わなければならない。

休業補償及び障害補償の例外

- 労働者が重大な過失によって業務上負傷し，または疾病にかかり，かつ使用者がその過失について行政官庁の認定を受けた場合においては，休業補償または障害補償を行わなくてもよい。

打切補償

- 療養補償を受ける労働者が，療養開始後 3 年を経過しても負傷または疾病が治らない場合においては，使用者は，平均賃金の 1,200 日分の打切補償を行い，その後はこの法律の規定による補償を行わなくてもよい。

補償を受ける権利

- 補償を受ける権利は，労働者の退職によって変更されることはない。
- 補償を受ける権利は，これを譲渡し，または差し押えてはならない。

問 4 答 (3) ★正しくは，

使用者は，労働者の療養期間中の平均賃金の 60 %を休業補償として支払わなければならない。

法規　1　労働基準法

問5
★★

賃金の支払いに関する次の記述のうち，労働基準法上，**誤っているもの**はどれか。

(1) 使用者は，未成年者の賃金を親権者又は後見人に支払わなければならない。

(2) 使用者は，時間外又は休日に労働をさせた場合においては，その時間の労働賃金をそれぞれ政令で定める率以上の率で計算した割増賃金を支払わなければならない。

(3) 使用者は，労働者が出産，疾病，災害など非常の場合の費用に充てるために請求する場合においては，支払い期日前であっても，既往の労働に対する賃金を支払わなければならない。

(4) 賃金とは，賃金，給料，手当，賞与など労働の対償として使用者が労働者に支払うすべてのものをいう。

解答・解説

定義

賃金	賃金，給料，手当，賞与その他名称の如何を問わず，労働の対償として使用者が労働者に支払うすべてのもの。
平均賃金	算定すべき事由の発生した日以前3箇月間にその労働者に対し支払われた賃金の総額を，その期間の総日数で除した金額。

非常時払い

- 使用者は，労働者が出産，疾病，災害などの非常の場合の費用に充てるために請求する場合は，支払期日前であっても，既往の労働に対する賃金を支払わなければならない。

休業手当

- 使用者の責に帰すべき事由による休業の場合，使用者は，休業期間中の労働者に，その平均賃金の60％以上の手当を支払わなければならない。

出来高払制の保障給

- 出来高払制その他の請負制で使用する労働者については，使用者は，労働時間に応じ一定額の賃金の保障をしなければならない。

時間外，休日及び深夜の割増賃金

- 使用者が，労働時間を延長し，または休日に労働させた場合，その時間の労働については，所定の率で計算した割増賃金を支払わなければならない。

未成年者の賃金

- 未成年者は，独立して賃金を請求することができる。
- 親権者または後見人は，未成年者の賃金を代って受け取ってはならない。

問5 答 (1) ★正しくは，

使用者は，未成年者の賃金を親権者または後見人に支払ってはならない。

法規

2　労働安全衛生法

問１
★★★

労働安全衛生法上，**作業主任者の選任を必要としない作業**は，次のうちどれか。

(1) 土止め支保工の切りばり又は腹起こしの取付け，取り外し作業

(2) ブルドーザの掘削，押土の作業

(3) 掘削面の高さが２ｍ以上となる地山の掘削作業

(4) 高さ５ｍ以上の足場の組立て，解体の作業

問２
★★

労働安全衛生法上，事業者が労働者に対して特別の教育を行わなければならない安全衛生教育に**該当しないもの**は次のうちどれか。

(1) 労働者を雇い入れたときの安全衛生教育

(2) 労働者の作業内容を変更したときの安全衛生教育

(3) 正月休み明けに作業を再開したときの安全衛生教育

(4) 危険又は有害な業務で法令に定めるものに労働者をつかせるときの特別の安全衛生教育

解答・解説

作業主任者の選任が必要な主な作業

高圧室内作業主任者	潜函（せんかん）工法その他の圧気工法で行われる高圧室内作業
地山の掘削作業主任者	掘削面の高さが 2 m 以上となる地山の掘削（ずい道及びたて坑以外の坑の掘削を除く）の作業
土止め支保工作業主任者	土止め支保工の切りばり，腹起こしの取付け，取り外しの作業
型枠支保工の組立て等作業主任者	型枠支保工の組立て，解体の作業
足場の組立て等作業主任者	つり足場（ゴンドラのつり足場を除く），張出し足場または高さが 5 m 以上の構造の足場の組立て、解体、変更の作業
コンクリート造の工作物の解体等作業主任者	コンクリート造の工作物（その高さが 5 m 以上であるものに限る）の解体，破壊の作業

安全衛生教育を実施しなければならない場合

- 労働者を雇い入れたとき
- 労働者の作業内容を変更したとき
- 危険または有害な業務で，厚生労働省令で定めるものに労働者をつかせるとき

問 1 答 (2) ★補足すると，

ブルドーザの掘削，押土の作業には，作業主任者の選任を必要としない。

問 2 答 (3) ★補足すると，

正月休み明けに作業を再開したときは，安全衛生教育を実施する必要がない。

法規

2　労働安全衛生法

問3
★★

事業者(じぎょうしゃ)が労働者(ろうどうしゃ)に対(たい)して特別(とくべつ)の教育(きょういく)を行(おこな)わなければならない業務(ぎょうむ)に関(かん)する次(つぎ)の記述(きじゅつ)のうち，労働安全衛生法(ろうどうあんぜんえいせいほう)上(じょう)，**該当(がいとう)しないもの**はどれか。

(1) 高圧室内作業(こうあつしつないさぎょう)に係(かか)る業務(ぎょうむ)

(2) ゴンドラの操作(そうさ)の業務(ぎょうむ)

(3) アーク溶接機(ようせつき)を用(もち)いて行(おこな)う金属(きんぞく)の溶接(ようせつ)，溶断等(ようだんとう)の業務(ぎょうむ)

(4) 赤外線装置(せきがいせんそうち)を用(もち)いて行(おこな)う透過写真(とうかしゃしん)の撮影(さつえい)の業務(ぎょうむ)

問4
★★

労働安全衛生法上(ろうどうあんぜんえいせいほうじょう)，労働基準監督署長(ろうどうきじゅんかんとくしょちょう)に工事開始(こうじかいし)の14日前(にちまえ)までに**計画(けいかく)の届出(とどけで)を必要(ひつよう)としない仕事(しごと)**は，次(つぎ)のうちどれか。

(1) ずい道等(どうとう)の内部(ないぶ)に労働者(ろうどうしゃ)が立(た)ち入(い)るずい道等(どうとう)の建設等(けんせつとう)の仕事(しごと)

(2) 最大支間(さいだいしかん)50 mの橋梁(きょうりょう)の建設等(けんせつとう)の仕事(しごと)

(3) 掘削(くっさく)の深(ふか)さが7 mである地山(じやま)の掘削(くっさく)の作業(さぎょう)を行(おこな)う仕事(しごと)

(4) 圧気工法(あっきこうほう)による作業(さぎょう)を行(おこな)う仕事(しごと)

解答・解説

特別の教育を行わなければならない主な業務

- アーク溶接機を用いて行う金属の溶接，溶断等の業務
- ボーリングマシンの運転の業務
- つり上げ荷重が 5 t 未満のクレーンの運転の業務
- つり上げ荷重が 1 t 未満の移動式クレーンの運転の業務
- 建設用リフトの運転の業務
- ゴンドラの操作の業務
- 高圧室内作業に係る業務
- エックス線装置またはガンマ線照射装置を用いて行う透過写真の撮影の業務

計画の届出

- 事業者は，以下の仕事を開始しようとするときは，その計画を当該仕事の開始の日の 14 日前までに，労働基準監督署長に届け出なければならない。

- 最大支間 50 m 以上の橋梁の建設等の仕事
- ずい道等の建設等の仕事（ずい道等の内部に労働者が立ち入らないものを除く）
- 圧気工法による作業を行う仕事
- 掘削の高さまたは深さが 10 m 以上の土石の採取のための掘削の作業を行う仕事
- 坑内掘りによる土石の採取のための掘削の作業を行う仕事

問 3 答 (4) ★補足すると，

エックス線装置またはガンマ線照射装置を用いて行う透過写真の撮影の業務が，特別の教育を行わなければならない業務に該当する。

問 4 答 (3) ★補足すると，

掘削の深さが 10 m 以上である地山の掘削の作業を行う仕事は，計画の届出を必要とする。

法規

3 建設業法

問1
★★

建設業法に関する次の記述のうち，建設業法上，**誤っているもの**はどれか。

(1) 建設業者は，施工技術の確保に努めなければならない。

(2) 軽微な建設工事のみを請け負うことを営業とする者を除き，建設業を営もうとする者は，すべて国土交通大臣の許可を受けなければならない。

(3) 建設業の許可は，5年ごとにその更新を受けなければ，その期間の経過によって，その効力を失う。

(4) 建設業者は，その請け負った建設工事を，いかなる方法をもってするかを問わず，原則として一括して他人に請け負わせてはならない。

解答・解説

建設業の許可

2以上の都道府県の区域内に営業所を設けて営業をしようとする場合	国土交通大臣の許可
1の都道府県の区域内にのみ営業所を設けて営業をしようとする場合	都道府県知事の許可

- 建設業の許可は，5年ごとにその更新を受けなければ，その期間の経過によって，その効力を失う。

建設工事の見積り等

- 建設業者は、請負契約を締結するに際して，工事の種別ごとの材料費などの内訳並びに工事の工程ごとの作業及びその準備に必要な日数を明らかにして，建設工事の見積りを行うよう努めなければならない。

一括下請負の禁止

- 建設業者は，その請け負った建設工事を，いかなる方法をもってするかを問わず，原則として一括して他人に請け負わせてはならない。

施工技術の確保

- 建設業者は，建設工事の担い手の育成及び確保その他の施工技術の確保に努めなければならない。

問1 答 (2) ★正しくは，

軽微な建設工事のみを請け負うことを営業とする者を除き，建設業を営もうとする者は，2以上の都道府県の区域内に営業所を設けて営業をしようとする場合は国土交通大臣の，1の都道府県の区域内にのみ営業所を設けて営業をしようとする場合は当該営業所の所在地を管轄する都道府県知事の許可を受けなければならない。

法規

3 建設業法

問2
★★★

建設業法に関する次の記述のうち，建設業法上，誤っているものはどれか。

(1) 施工体系図は，各下請負人の施工の分担関係を表示したものであり，作成後は当該工事現場の見やすい場所に掲示しなければならない。

(2) 元請負人は，前払金の支払いを受けたときは，下請負人に対して，資材の購入など建設工事の着手に必要な費用を前払金として支払うよう適切な配慮をしなければならない。

(3) 元請負人は，請け負った建設工事を施工するために必要な工程の細目，作業方法を定めようとするときは，あらかじめ下請負人の意見を聞かなければならない。

(4) 元請負人は，下請負人から建設工事が完成した旨の通知を受けたときは，30日以内で，かつ，できる限り短い期間内に検査を完了しなければならない。

解答・解説

施工体制台帳及び施工体系図

- 特定建設業者は，下請負人の商号または名称，当該下請負人に係る建設工事の内容及び工期その他の事項を記載した施工体制台帳を作成し，工事現場ごとに備え置かなければならない。
  ※特定建設業者…建設業を営もうとする者であって，その者が発注者から直接請け負う1件の建設工事につき，その工事の全部または一部を，下請代金の額が4,500万円以上(建築一式工事の場合は7,000万円以上)となる下請契約を締結して施工しようとするもの。
- 施工体制台帳を作成する特定建設業者は，当該建設工事における各下請負人の施工の分担関係を表示した施工体系図を作成し，これを当該工事現場の見やすい場所に掲げなければならない。

元請負人の義務

- 元請負人は，請け負った建設工事を施工するために必要な工程の細目，作業方法を定めようとするときは，あらかじめ下請負人の意見を聞かなければならない。
- 元請負人は，前払金の支払いを受けたときは，下請負人に対して，資材の購入など建設工事の着手に必要な費用を前払金として支払うよう適切な配慮をしなければならない。
- 元請負人は，下請負人から建設工事が完成した旨の通知を受けたときは，20日以内で，かつ，できる限り短い期間内に検査を完了しなければならない。

問2 答 (4) ★正しくは，

元請負人は，下請負人から建設工事が完成した旨の通知を受けたときは，20日以内で，かつ，できる限り短い期間内に検査を完了しなければならない。

法規

3 建設業法

問3 ★★★

建設業法に関する次の記述のうち，建設業法上，**誤っているもの**はどれか。

(1) 主任技術者又は監理技術者は，発注者及び工事一件の請負代金の額によらず，専任の者でなければならない。

(2) 発注者から直接建設工事を請け負った特定建設業者は，下請契約の請負代金額が政令で定める金額以上になる場合，監理技術者を置かなければならない。

(3) 主任技術者は，現場代理人の職務を兼ねることができる。

(4) 建設業者は，その請け負った建設工事を施工するときは，当該工事現場における建設工事の施工の技術上の管理をつかさどる主任技術者を置かなければならない。

問4 ★★

建設業法に定められている主任技術者及び監理技術者の職務に関する次の記述のうち，**誤っているもの**はどれか。

(1) 当該建設工事の施工計画の作成を行わなければならない。

(2) 当該建設工事の品質管理を行わなければならない。

(3) 当該建設工事の下請契約書の作成を行わなければならない。

(4) 当該建設工事の工程管理を行わなければならない。

解答・解説

主任技術者及び監理技術者の設置

- 建設業者は，その請け負った建設工事を施工するときは，当該建設工事に関し主任技術者を置かなければならない。
- 発注者から直接建設工事を請け負った特定建設業者は、当該建設工事を施工するために締結した下請契約の請負代金の額が 4,500 万円以上（建築一式工事の場合は 7,000 万円以上）になる場合においては，監理技術者を置かなければならない。
- 公共性のある施設または多数の者が利用する施設に関する重要な建設工事で政令で定めるものについては，主任技術者または監理技術者は，工事現場ごとに，専任の者でなければならない。ただし，監理技術者にあっては，監理技術者補佐を当該工事現場に専任で置くときは，この限りでない。
- 主任技術者・監理技術者を専任の者としなければならない工事 1 件の請負代金の額は，4,000 万円以上（建築一式工事の場合は 8,000 万円以上）とする。

主任技術者及び監理技術者の職務

- 施工計画の作成，工程管理，品質管理その他の技術上の管理
- 建設工事の施工に従事する者の技術上の指導監督

問 3 答 (1) ★正しくは，

主任技術者または監理技術者は，工事一件の請負代金の額が 4,000 万円（建築一式工事の場合は 8,000 万円）以上の場合に，専任の者でなければならない。

問 4 答 (3) ★正しくは，

当該建設工事の下請契約書の作成は，主任技術者及び監理技術者の職務に含まれない。

法規

4　道路関連法令

問1
★★

車両の幅等の最高限度に関する次の記述のうち，車両制限令上，**誤っているもの**はどれか。

ただし，高速自動車国道又は道路管理者が道路の構造の保全及び交通の危険防止上支障がないと認めて指定した道路を通行する車両，及び高速自動車国道を通行するセミトレーラ連結車又はフルトレーラ連結車を除く車両とする。

(1) 車両の長さは，12 m

(2) 車両の総重量は，20 t

(3) 車両の幅は，3.5 m

(4) 車両の高さは，3.8 m

問2
★★

道路に工作物又は施設を設け，継続して道路を使用する行為に関する次の記述のうち，道路法令上，占用の許可を**必要としないもの**はどれか。

(1) 当該道路の道路情報提供装置を設置する場合

(2) 電柱，電線，郵便差出箱，広告塔を設置する場合

(3) 水管，下水道管，ガス管を設置する場合

(4) 工事用板囲，足場，詰所その他工事用施設を設置する場合

解答・解説

車両の幅等の最高限度

幅	2.5 m
総重量	20 t
軸重	10 t
輪荷重	5 t
高さ	3.8 m
長さ	12 m
最小回転半径	車両の最外側のわだちについて 12 m

道路占用許可を必要とする主な設置物

- 電柱，電線，変圧塔，郵便差出箱，公衆電話所，広告塔その他これらに類する工作物
- 水管，下水道管，ガス管その他これらに類する物件
- 看板，標識，旗ざお，パーキング・メーター，幕及びアーチ
- 津波からの一時的な避難場所としての機能を有する堅固な施設
- 工事用板囲，足場，詰所その他の工事用施設
- トンネルの上または高架の道路の路面下に設ける事務所，店舗その他これらに類する施設

道路占用許可申請書の記載内容

- 道路の占用の目的
- 道路の占用の期間
- 道路の占用の場所
- 工作物，物件または施設の構造
- 工事実施の方法
- 工事の時期
- 道路の復旧方法

問 1 答 (3) ★正しくは，

車両の幅の最高限度は，2.5 m である。

問 2 答 (1) ★補足すると，

当該道路の道路情報提供装置を設置する場合は，占用の許可を必要としない。

法規

5　河川法

問1 ★★★

河川法に関する次の記述のうち，**誤っているもの**はどれか。

(1) 洪水防御を目的とするダムは，河川管理施設には該当しない。

(2) 河川保全区域とは，河川管理施設を保全するために河川管理者が指定した一定の区域である。

(3) 河川の管理は，1級河川は国土交通大臣が行い，2級河川は都道府県知事が行う。

(4) 河川法上の河川には，ダム，堰，水門，床止め，堤防，護岸等の河川管理施設も含まれる。

問2 ★★

河川法上，河川区域内において，**河川管理者の許可を必要としないもの**は，次のうちどれか。

(1) 道路橋の橋梁架設工事に伴う河川区域内の工事資材置き場の設置

(2) 河川区域内における下水処理場の排水口付近に積もった土砂の排除

(3) 河川区域内の地下を横断する下水道管の設置

(4) 河川区域内上空の送電線の架設

解答・解説

河川法の目的

- 洪水，津波，高潮等による災害の発生防止
- 河川の適正利用
- 流水の正常な機能維持
- 河川環境の整備と保全

用語の定義

河川	1 級河川及び 2 級河川をいい，これらの河川に係る河川管理施設を含む。
河川管理施設	ダム，堰，水門，堤防，護岸，床止め等の施設。
河川区域	• 河川の流水が継続して存する土地及び地形等の区域。 • 河川管理施設の敷地である土地の区域。 • 堤外の土地の区域のうち，河川管理者が指定した区域。
河川保全区域	河岸または河川管理施設を保全するため，河川管理者が指定した河川区域に隣接する一定の区域。

河川管理者

1 級河川	国土交通大臣
2 級河川	都道府県知事
準用河川	市町村長

河川区域内で河川管理者の許可が必要な主な行為

- 土石等の採取
- 河川上空での送電線の架設
- 河川の地下を横断する下水道管の設置
- 工事資材置場の設置

問 1 答 (1) ★正しくは，

洪水防御を目的とするダムは，河川管理施設に該当する。

問 2 答 (2) ★正しくは，

河川区域内における下水処理場の排水口付近に積もった土砂の排除には，河川管理者の許可は必要ない。

法規

6　建築基準法

問1
★★

現場に設ける延べ面積が 50 m^2 を超える仮設建築物に関する次の記述のうち，建築基準法上，**正しいもの**はどれか。

(1) 仮設建築物の延べ面積の敷地面積に対する割合（容積率）の規定が適用される。

(2) 仮設建築物を除去する場合は，都道府県知事に届け出なければならない。

(3) 仮設建築物を設ける敷地は，公道に 2 m 以上接しなければならない。

(4) 仮設建築物を建築しようとする場合は，建築主事の確認の申請は適用されない。

問2
★★

建築基準法に関する次の記述のうち，**誤っているもの**はどれか。

(1) 建蔽率は，建築物の建築面積の敷地面積に対する割合をいう。

(2) 建築物の主要構造部は，壁，柱，床，はり，屋根又は階段をいう。

(3) 建築物に附属する塀は，建築物ではない。

(4) 道路とは，道路法，都市計画法などによる道路で，原則として幅員 4 m 以上でなければならない。

解答・解説

仮設建築物（延べ面積 50 m² 超）の規制緩和

適用されない規定

- 建築確認申請手続き
- 建築工事の完了検査
- 建築物の新築，除却の届出
- 接道義務規定
- 容積率規定
- 建蔽率規定

※接道義務…建築物の敷地は，原則として道路に 2 m以上接しなければならない。

適用される規定

- 自重，積載荷重，風圧及び地震等に対する安全な構造
- 防火地域または準防火地域内における屋根の構造

建築基準法に関する用語

建築物	土地に定着する工作物のうち，屋根及び柱もしくは壁を有するもの，これに附属する門もしくは塀等をいい，建築設備を含む。
特殊建築物	学校，病院，劇場等の用途に供する建築物。
建築設備	建築物に設ける電気，ガス，給水，排水，暖房，冷房等の設備。
居室	居住，作業，集会等の目的のために継続的に使用する室。
主要構造部	壁，柱，床，はり，屋根または階段をいい，建築物の構造上重要でない間仕切壁，間柱，付け柱等の部分を除く。
道路	道路法，都市計画法等にいう道路で，原則として幅員 4 m 以上のもの。
容積率	建築物の延べ面積の敷地面積に対する割合。
建蔽率	建築物の建築面積の敷地面積に対する割合。

問 1 答 (4) ★正しい (1) (2) (3) は，

(1) 容積率，(2) 除却届，(3) 接道義務の諸規定は適用されない。

問 2 答 (3) ★正しくは，

建築物に附属する塀は，建築物である。

法規

7　火薬類取締法

問1　★★

火薬類取締法上，火薬類の取扱いに関する次の記述のうち，**誤っているもの**はどれか。

(1) 消費場所で火薬類を取り扱う者は，腕章を付ける等他の者と容易に識別できる措置を講じなければならない。

(2) 消費場所において火薬類を取り扱う場合，固化したダイナマイト等はもみほぐしてはならない。

(3) 火薬庫を設置し，移転し又はその構造若しくは設備を変更しようとする者は，原則として都道府県知事の許可を受けなければならない。

(4) 火薬庫の境界内には，爆発，発火，又は燃焼しやすい物を堆積しない。

問2　★★

火薬類取締法上，火薬類の取扱いに関する次の記述のうち，**誤っているもの**はどれか。

(1) 火薬類取扱所に存置することのできる火薬類の数量は，1日の消費見込量以下とする。

(2) 火薬類を運搬しようとする者は，原則として出発地を管轄する都道府県知事の許可を受けなければならない。

(3) 火薬類を収納する容器は，木その他電気不良導体で作った丈夫な構造のものとし，内面には鉄類を表さないこと。

(4) 火薬類を存置し，又は運搬するときは，火薬，爆薬，導火線と火工品とをそれぞれ異なった容器に収納すること。

解答・解説

都道府県知事の許可を必要とするもの

- 火薬庫の設置，移転またはその構造もしくは設備の変更
- 火薬類の消費（爆発，燃焼）
- 火薬類の廃棄

火薬類の運搬

- 火薬類を運搬しようとする者は，原則として出発地を管轄する都道府県公安委員会に届け出なければならない。

貯蔵上の取扱い

- 火薬庫の境界内には，爆発，発火，または燃焼しやすい物を堆積しない。
- 火薬庫内には，火薬類以外の物を貯蔵しない。
- 火薬庫内に入る場合には，原則として鉄類もしくはそれらを使用した器具及び携帯電灯以外の灯火は持ち込んではならない。
- 火薬庫内に入る場合には，原則としてあらかじめ定めた安全な履物を使用し，土足で出入りしない。
- 火薬庫内では，換気に注意し，できるだけ温度の変化を少なくする。

火薬類の取扱い

- 固化したダイナマイト等は，もみほぐすこと。
- 火薬類取扱所において存置することのできる火薬類の数量は，1日の消費見込量以下とすること。
- 火工所に火薬類を存置する場合には，見張人を常時配置すること。

問1 答 (2) ★正しくは，

消費場所において火薬類を取り扱う場合，固化したダイナマイト等はもみほぐさなければならない。

問2 答 (2) ★正しくは，

火薬類を運搬しようとする者は，原則として出発地を管轄する都道府県公安委員会に届け出なければならない。

法規

8　騒音規制法

問1
★★★

騒音規制法上，指定地域内において**特定建設作業の対象とならない作業**は，次のうちどれか。

ただし，当該作業がその作業を開始した日に終わるものを除く。

(1) 1日の移動距離が50 mを超えないさく岩機による構造物の取り壊し作業

(2) ブルドーザを使用する作業

(3) 舗装版破砕機を使用して行う舗装打ち換え作業

(4) バックホゥを使用する作業

問2
★★

騒音規制法上，指定地域内において特定建設作業を施工しようとする者が，届け出なければならない事項として，**該当しないもの**は次のうちどれか。

(1) 作業場所の見取り図

(2) 騒音の防止の方法

(3) 建設工事の概算工事費

(4) 特定建設作業の場所

解答・解説

特定建設作業の実施の届出

- 指定地域内において特定建設作業を伴う建設工事を施工しようとする者は，当該特定建設作業の開始の日の7日前までに，環境省令で定めるところにより，市町村長に届け出なければならない。

主な届出事項

- 氏名または名称及び住所並びに法人にあっては，その代表者の氏名
- 建設工事の目的に係る施設または工作物の種類
- 特定建設作業の場所及び実施の期間
- 騒音の防止の方法
- 特定建設作業の開始及び終了の時刻
- 特定建設作業の種類
- 特定建設作業の場所の附近の見取図
- 工事工程表

騒音規制法上の主な特定建設作業

- くい打機等を使用する作業
- びょう打機を使用する作業
- さく岩機を使用する作業（1日の移動距離が50 mを超えない作業に限る）
- 空気圧縮機（電動機以外の原動機を用い，その定格出力が15 kW以上のもの）を使用する作業（さく岩機の動力として使用する作業を除く）
- バックホゥを使用する作業
- トラクターショベルを使用する作業
- ブルドーザを使用する作業

※いずれも当該作業がその作業を開始した日に終わるものを除く。

問1 答 (3) ★補足すると，

舗装盤破砕機を使用して行う舗装打ち換え作業は，騒音規制法上の特定建設作業の対象とならない。

問2 答 (3) ★補足すると，

建設工事の概算工事費は，届け出なければならない事項に該当しない。

法規

9　振動規制法

問1

★★★

振動規制法上，特定建設作業の規制基準に関する測定位置と振動の大きさに関する次の記述のうち，**正しいもの**はどれか。

(1) 特定建設作業の場所の中心部で 75 dB を超えないこと。

(2) 特定建設作業の場所の敷地の境界線で 75 dB を超えないこと。

(3) 特定建設作業の場所の中心部で 85 dB を超えないこと。

(4) 特定建設作業の場所の敷地の境界線で 85 dB を超えないこと。

問2

★★

振動規制法上，指定地域内において特定建設作業を施工しようとする者が行う特定建設作業に関する届出先として，**正しいもの**はどれか。

(1) 都道府県知事

(2) 所轄警察署長

(3) 環境大臣

(4) 市町村長

解答・解説

地域の指定と振動の測定

振動防止地域の指定に当たるもの	都道府県知事または市長
振動の測定に当たるもの	市町村長

特定建設作業の実施の届出

- 指定地域内において特定建設作業を伴う建設工事を施工しようとする者は，当該特定建設作業の開始の日の 7 日前までに，環境省令で定めるところにより，市町村長に届け出なければならない。

特定建設作業の規制基準

- 特定建設作業の場所の敷地の境界線で 75 dB を超えないこと。

振動規制法上の特定建設作業

- くい打機（もんけん及び圧入式くい打機を除く），くい抜機（油圧式くい抜機を除く）等を使用する作業
- 鋼球を使用して建築物その他の工作物を破壊する作業
- 舗装版破砕機を使用する作業（1 日の移動距離が 50 m を超えない作業に限る）
- ブレーカー（手持式のものを除く）を使用する作業（1 日の移動距離が 50 m を超えない作業に限る）

※いずれも当該作業がその作業を開始した日に終わるものを除く。

問 1 答 (2) ★補足すると，

振動規制法上の特定建設作業の測定位置と振動の大きさの規制基準は，特定建設作業の場所の敷地の境界線で 75 dB を超えないことである。

問 2 答 (4) ★補足すると，

振動規制法上の指定地域内において特定建設作業を施工しようとする者は，市町村長に届け出なければならない。

法規

10　港則法

問1
★★

港則法に関する次の記述のうち，**誤っているもの**はどれか。

(1) 船舶は，航路内において，他の船舶と行き会うときは，左側を航行しなければならない。

(2) 船舶は，航路内においては，他の船舶を追い越してはならない。

(3) 船舶は，防波堤，埠頭又は停泊船などを右げんに見て航行するときは，できるだけこれに近寄り航行しなければならない。

(4) 汽艇等以外の船舶は，特定港に出入し，又は特定港を通過するときは，国土交通省令で定める航路を通らなければならない。

問2
★★

港則法に関する次の記述のうち，**誤っているもの**はどれか。

(1) 特定港内又は特定港の境界付近で工事又は作業をしようとする者は，港長の許可を受けなければならない。

(2) 港内又は港の境界付近では，船舶交通の妨げとなるおそれのある強力な灯火を，みだりに使用してはならない。

(3) 船舶は，特定港内において危険物を運搬しようとするときは，港長の許可を受けなければならない。

(4) 船舶は，特定港に入港したときは，港長の許可を受けなければならない。

解答・解説

入出港の届出

- 船舶は，特定港に入港したときまたは特定港を出港しようとするときは，港長に届け出なければならない。

航路及び航法

- 船舶は，航路内においては，原則として投びょうし，またはえい航している船舶を放してはならない。
- 航路外から航路に入り，または航路から航路外に出ようとする船舶は，航路を航行する他の船舶の進路を避けなければならない。
- 船舶は，航路内においては，並列して航行してはならない。
- 船舶は，航路内において，他の船舶と行き会うときは，右側を航行しなければならない。
- 汽船が港の防波堤の入口または入口附近で他の汽船と出会うおそれのあるときは，入航する汽船は，防波堤の外で出航する汽船の進路を避けなければならない。
- 船舶は，港内においては，防波堤，ふとうその他の工作物の突端または停泊船舶を右げんに見て航行するときは，できるだけこれに近寄り，左げんに見て航行するときは，できるだけこれに遠ざかって航行しなければならない。

港長の許可を必要とするもの

- 特定港における危険物の積込，積替または荷卸
- 特定港内または特定港の境界付近における危険物の運搬
- 特定港内または特定港の境界付近での工事または作業

問 1 答 (1) ★正しくは，

船舶は，航路内において，他の船舶と行き会うときは，右側を航行しなければならない。

問 2 答 (4) ★正しくは，

船舶は，特定港に入港したときは，港長に届け出なければならない。

第一次検定　第 3 章

施工管理法

測量

1　測量

問1 ★★

測点No.5の地盤高を求めるため，測点No.1を出発点として水準測量を行い下表の結果を得た。**測点No.5の地盤高**は次のうちどれか。

測点No.	距離(m)	後視(m)	前視(m)	高低差(m) +	高低差(m) −	備　考
1		1.2				測点No.1…地盤高5.0 m
	20					
2		1.5	2.3			
	20					
3		2.1	1.6			
	20					
4		1.4	1.3			
	20					
5			1.5			測点No.5…地盤高［　　］m

(1) 4.0　(2) 4.5　(3) 5.0　(4) 5.5

問2 ★★

測量に関する次の説明文に**該当するもの**は，次のうちどれか。

この観測方法は，主として地上で水平角，高度角，距離を電子的に観測する自動システムで器械と鏡の位置の相対的三次元測量である。その相対位置の測定は，水準面あるいは重力の方向に準拠して行われる。この測量方法の利点は，1回の視準で距離，測角が同時に測定できることにある。

(1) 光波測距儀　(2) 衛星測位システム（GNSS）

(3) トータルステーション　(4) 電子式セオドライト

解答・解説

地盤高の求め方

①まず，測点 No.1 ～ No.5 のそれぞれにおいて，後視－前視で各測点間の高低差を算出する。

- 測点 No.1 後視と測点 No.2 前視の高低差
  1.2 － 2.3 ＝－ 1.1（m）
- 測点 No.2 後視と測点 No.3 前視の高低差
  1.5 － 1.6 ＝－ 0.1（m）
- 測点 No.3 後視と測点 No.4 前視の高低差
  2.1 － 1.3 ＝＋ 0.8（m）
- 測点 No.4 後視と測点 No.5 前視の高低差
  1.4 － 1.5 ＝－ 0.1（m）

②そして，測点 No.1 の地盤高に，各高低差を加えると求まる。

5.0 ＋（－ 1.1）＋（－ 0.1）＋ 0.8 ＋（－ 0.1）＝ 4.5（m）

測量方法と測量機器

光波測距儀	光の反射により，距離を測定する。
電子式セオドライト	水平角，鉛直角の測角に用いる。
トータル ステーション	光波測距儀とセオドライトを組み合わせたもので，距離と水平角，鉛直角を同時に測定できる。
衛星測位システム (GNSS)	4 個以上の GNSS 衛星から送信される情報をアンテナで受信し，観測点の位置を決定する。

問 1 答（2）★上記の計算により，

測点 No.5 の地盤高は，4.5 m である。

問 2 答（3）★補足すると，

測距と測角が同時に測定できるのは，トータルステーションであり，光波測距儀と電子式セオドライトを組み合わせた装置である。

契約　2　公共工事標準請負契約約款

問1　★★

公共工事標準請負契約約款に関する次の記述のうち，**誤っているもの**はどれか。

(1) 工事材料の品質については，設計図書に定めるところによるが，設計図書にその品質が明示されていない場合にあっては，中等の品質を有するものとする。

(2) 現場代理人は，工事現場における運営などに支障がなく発注者との連絡体制が確保される場合には，現場に常駐する義務を要しないこともあり得る。

(3) 受注者は工事の施工に当たり，設計図書の表示が明確でないことを発見したときは，ただちにその旨を監督員に通知し，その確認を請求しなければならない。

(4) 設計図書とは，図面，仕様書，契約書，現場説明書及び現場説明に対する質問回答書をいう。

解答・解説

設計図書

- 図面
- 仕様書
- 現場説明書及び現場説明に対する質問回答書

確認請求

- 受注者は，工事の施工に当たり，次の各号のいずれかに該当する事実を発見したときは，その旨を直ちに監督員に通知し，その確認を請求しなければならない。

①図面，仕様書，現場説明書及び現場説明に対する質問回答書が一致しないこと。

②設計図書に誤謬または脱漏があること。

③設計図書の表示が明確でないこと。

④工事現場の形状，地質，湧水等の状態，施工上の制約等設計図書に示された自然的または人為的な施工条件と実際の工事現場が一致しないこと。

⑤設計図書で明示されていない施工条件について予期することのできない特別な状態が生じたこと。

設計図書の変更

- 発注者は，必要があると認めるときは，設計図書の変更内容を受注者に通知して，設計図書を変更することができる。
- 受注者は，工事の完成，設計図書の変更等によって不用となった支給材料を発注者に返還しなければならない。

問 1 答 (4) ★正しくは，

設計図書とは，図面，仕様書，現場説明書及び現場説明に対する質問回答書をいい，契約書は含まれない。

(1) (2) については p.145 を，(3) については上記を参照。

契約

2 公共工事標準請負契約約款

問2
★★

公共工事標準請負契約約款に関する次の記述のうち，**誤っているもの**はどれか。

(1) 受注者は，一般に工事の全部若しくはその主たる部分を一括して第三者に請け負わせることができる。

(2) 受注者は，工事現場内に搬入した工事材料を監督員の承諾を受けないで工事現場外に搬出してはならない。

(3) 発注者は，特別の理由により工期を短縮する必要があるときは，工期の短縮変更を受注者に請求することができる。

(4) 発注者は，工事完成検査において，工事目的物を最小限度破壊して検査することができる。

解答・解説

一括委任または一括下請負の禁止

- 受注者は，工事の全部もしくはその主たる部分の工事を一括して第三者に委任し，または請け負わせてはならない。

現場代理人及び主任技術者等

- 発注者は，現場代理人の工事現場における運営，取締り及び権限の行使に支障がなく，発注者との連絡体制が確保される場合には，現場代理人について工事現場における常駐を要しないこととすることができる。
- 現場代理人，監理技術者等（監理技術者，監理技術者補佐または主任技術者をいう）及び専門技術者は，これを兼ねることができる。

工事材料の品質及び検査等

- 工事材料の品質については，設計図書にその品質が明示されていない場合にあっては，中等の品質を有するものとする。
- 設計図書において監督員の検査を受けて使用すべきものと指定された工事材料の検査に直接要する費用は，受注者の負担とする。
- 受注者は，工事現場内に搬入した工事材料を監督員の承諾を受けないで工事現場外に搬出してはならない。

工期及び請負代金の変更

- 発注者は，特別の理由により工期を短縮する必要があるときは，工期の短縮変更を受注者に請求することができる。
- 工期及び請負代金の変更については，原則として発注者と受注者とが協議して定める。

工事完成検査

- 発注者は，工事の完成検査において，工事目的物を最小限度破壊して検査することができ，その検査または復旧に直接要する費用は受注者の負担とする。

問2 答 (1) ★正しくは，

受注者は，一般に工事の全部もしくはその主たる部分を一括して第三者に請け負わせてはならない。

設計

3 断面図

問1
★★

下図は道路橋の断面図を示したものであるが，(イ)～(ニ)の構造名称に関する次の組合せのうち，**適当なもの**はどれか。

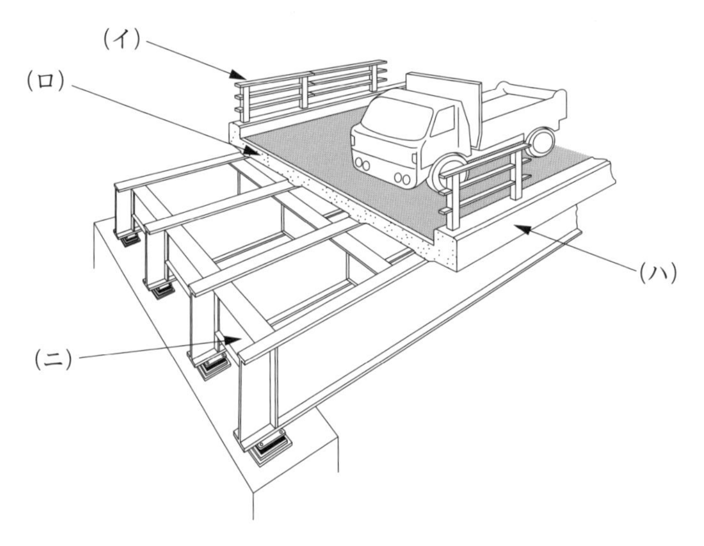

(イ)……(ロ)……(ハ)……(ニ)

(1) 高欄……地覆……床版……横桁

(2) 高欄……床版……地覆……横桁

(3) 地覆……横桁……高欄……床版

(4) 横桁……床版……高欄……地覆

解答・解説

道路橋の構造名称

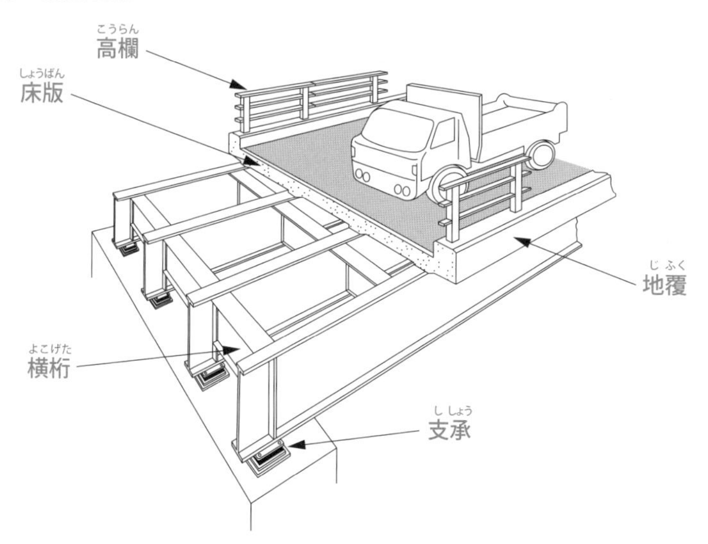

高欄	落下を防ぐための欄干。
地覆	高欄の基礎部分。
床版	車両の重量を橋脚や橋桁に伝える床板。
横桁	床版を支える部材。
支承	橋の上部構造と下部構造（橋台や橋脚）の間に設置する部材。

問1 答 (2) ★補足すると，

（イ）は高欄。
（ロ）は床版。
（ハ）は地覆。
（ニ）は横桁。

設計

3 断面図

問2
★★

下図は逆T型擁壁の断面図であるが，逆T型擁壁各部の名称と寸法記号の表記として2つとも**適当なものは**，次のうちどれか。

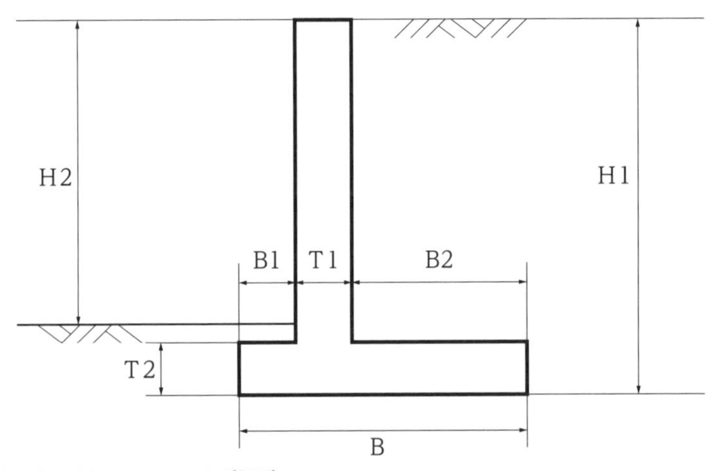

(1) 擁壁の高さ H1，底版幅 B2

(2) 擁壁の高さ H1，かかと版幅 B2

(3) 擁壁の高さ H2，つま先版幅 B1

(4) 擁壁の高さ H2，たて壁厚 B1

解答・解説

逆T型擁壁断面図の寸法記号

幅B（Breadth）

寸法記号	名　称
B	底版幅
B 1	つま先版幅
B 2	かかと版幅

厚さT（Thickness）

寸法記号	名　称
T 1	たて壁厚
T 2	底版厚

高さH（Height）

寸法記号	名　称
H 1	擁壁の高さ
H 2	擁壁の見え高

問2 答 (2)

擁壁の高さはH 1，かかと版幅はB 2である。

建設機械

4　建設機械

問1 ★★★

建設機械の用途に関する次の記述のうち，**適当でないもの**はどれか。

(1) ブルドーザは，トラクタに土工板（ブレード）を取りつけた機械で，土砂の掘削・押土及び短距離の運搬作業等に用いられる。

(2) モーターグレーダは，路面の精密な仕上げに適しており，砂利道の補修，土の敷均し等に用いられる。

(3) クラムシェルは，水中掘削など広い場所での浅い掘削に使用される。

(4) ドラグラインは，機械の位置より低い場所の掘削に適し，水路の掘削，砂利の採取等に使用される。

問2 ★★★

建設工事における建設機械の「機械名」と「性能表示」に関する次の組合せのうち，**適当でないもの**はどれか。

[機械名]……………………… [性能表示]

(1) バックホゥ…………………バケット容量（m^3）

(2) クレーン……………………ブーム長（m）

(3) ダンプトラック……………最大積載量（t）

(4) ロードローラ………………質量（t）

解答・解説

主な掘削機械

バックホゥ	機械の位置より低い場所の掘削。基礎の掘削や溝掘りなど。
ローディングショベル	機械の位置より高い場所の掘削。
ドラグライン	機械の位置より低い場所の掘削。水路の掘削，砂利の採取，浚渫など。
クラムシェル	狭い場所での深い掘削。シールド工事の立坑掘削など。

主な締固め機械

- ロードローラ（マカダムローラ，タンピングローラ）
- タイヤローラ　• 振動ローラ　• ランマ

その他の建設機械

ブルドーザ	土砂の掘削，押土及び短距離の運搬。
スクレーパ	土砂の掘削，積込み，運搬，敷均しを一連の作業として行う。
スクレープドーザ	掘削,運搬,敷均しを行う。狭い場所や軟弱地盤で使用される。
モーターグレーダ	路面の精密な仕上げ。砂利道の補修，土の敷均しなど。

建設機械の性能表示

バケット容量（m^3）	• バックホゥ　• トラクターショベル
質量（t）	• ブルドーザ　• ロードローラ
最大積載量（t）	• ダンプトラック
ブレード長（m）	• モーターグレーダ
作業半径（m）・定格総荷重（t）	• クレーン

問１ 答（3）★正しくは，

クラムシェルは，狭い場所での深い掘削に適する。

問２ 答（2）★正しくは，

クレーンの性能表示は，作業半径（m）と定格総荷重（t）による。

施工計画

5 施工計画

問1 ★★★

施工計画作成のための事前調査に関する次の記述のうち，**適当でないもの**はどれか。

(1) 工事内容の把握のため，契約書，設計図面及び仕様書の内容を検討し，工事数量の確認を行う。

(2) 資機材の把握のため，調達の可能性，適合性，調達先などの調査を行う。

(3) 輸送，用地の把握のため，道路状況，工事用地，労働賃金の支払い条件などの調査を行う。

(4) 近隣環境の把握のため，現場用地の状況，近接構造物，地下埋設物などの調査を行う。

問2 ★★★

工事の仮設に関する次の記述のうち，**適当でないもの**はどれか。

(1) 仮設に使用する材料は，一般の市販品を使用し，可能な限り規格を統一する。

(2) 任意仮設は,全て変更の対象となる直接工事と同様の扱いとなる。

(3) 仮設は，使用目的や期間に応じて構造計算を行い，労働安全衛生規則の基準に合致するかそれ以上の計画としなければならない。

(4) 指定仮設は，発注者が設計図書でその構造や仕様を指定する。

解答・解説

事前調査

• 事前調査は，契約条件，設計図書の検討，現地調査が主な内容である。

契約条件等の確認事項

• 契約書の内容　• 設計図書の内容　• 仕様書の内容　• 工事数量

現地調査

目　的	調査事項
自然条件の把握	地質，地下水，湧水など。
近隣環境の把握	現場用地の状況，近接構造物，地下埋設物など。
労務，資機材の把握	労務の供給，資機材などの調達先など。
輸送，用地の把握	道路状況，工事用地など。

指定仮設と任意仮設

指定仮設	• 発注者が設計図書でその構造や仕様を指定する。 • 構造の変更が必要な場合は発注者の承諾を得る。 • 仮設備の変更が必要な場合は，契約変更の対象となる。
任意仮設	• 規模や構造などを請負者に任せられた仮設である。 • 一般に契約変更の対象とならない。

直接仮設と間接仮設

直接仮設	工事用道路，材料置場，給水設備など。
間接仮設	現場事務所，労務宿舎など。

問１ 答 (3) ★正しくは，

輸送，用地の把握のためには，道路状況，工事用地などの調査を行い，労働賃金の支払い条件は調査事項とならない。

問２ 答 (2) ★正しくは，

任意仮設は，直接工事と異なり一般に契約変更の対象とならない。

施工計画

5 施工計画

問3 ★★★

施工計画作成の留意事項に関する次の記述のうち，**適当でないもの**はどれか。

(1) 施工計画は，過去の同種工事を参考にして，新しい工法や新技術は考慮せずに検討する。

(2) 施工計画は，経済性，安全性，品質の確保を考慮して検討する。

(3) 施工計画は，1つのみでなく，複数の案を立て，代替案を考えて比較検討する。

(4) 施工計画は，企業内の組織を活用して，全社的な技術水準で検討する。

問4 ★★★

公共工事において建設業者が作成する施工体制台帳及び施工体系図に関する次の記述のうち，**適当でないもの**はどれか。

(1) 施工体制台帳は，下請負人の商号又は名称などを記載し，作成しなければならない。

(2) 施工体制台帳は，その写しを発注者に提出しなければならない。

(3) 施工体系図は，工事関係者及び公衆が見やすい場所に掲げなければならない。

(4) 施工体系図は，変更があった場合には，工事完成検査までに変更を行わなければならない。

解答・解説

施工計画作成上の留意事項

- 発注者の要求品質を確保するとともに，安全を最優先にした施工計画とする。
- 過去の実績や経験だけでなく，新しい理論や工法を考慮して検討する。
- 企業内の組織を活用して，全社的な技術水準で検討する。
- 発注者から示された工程が最適であるとは限らないので，経済性や安全性，品質の確保を考慮して検討する。
- 1つの計画のみでなく，複数の代替案を考えて比較検討し，最良の計画を採用する。

公共工事における施工体制台帳の作成

- 公共工事を受注した元請負人が下請契約を締結したときは，その金額にかかわらず施工の分担がわかるよう施工体制台帳を作成しなければならない。
- 施工体制台帳には，下請負人の商号または名称，工事の内容及び工期，技術者の氏名などを記載しなければならない。
- 施工体制台帳は，その写しを発注者に提出しなければならない。
- 施工体系図は，工事現場の見やすい場所（公共工事については，工事関係者が見やすい場所及び公衆が見やすい場所）に掲げ，変更があったときには，速やかに施工体系図を変更して表示しておかなければならない。

問3 答（1）★正しくは，

- 施工計画は，過去の同種工事を参考にして，新しい工法や新技術を考慮して検討する。

問4 答（4）★正しくは，

施工体系図は，変更があった場合には，速やかに変更を行わなければならない。

5 施工計画

工程管理

6　工程管理

問１ ★★★

工程管理に関する次の記述のうち，**適当でないものは**どれか。

(1) 工程管理では，実施工程が計画工程よりも下回るように管理する。

(2) 計画工程と実施工程に差が生じた場合は，その原因を追及して改善する。

(3) 作業能率を高めるためには，実施工程の進捗状況を常に全作業員に周知する。

(4) 工程表は，常に工事の進捗状況を把握でき，予定と実績の比較ができるようにする。

問２ ★★★

工程表の種類と特徴に関する次の記述のうち，**適当でないもの**はどれか。

(1) ネットワーク式工程表は，全体工事と部分工事が明確に表現でき，各工事間の調整が円滑にできる。

(2) グラフ式工程表は，各工事の工程を斜線で表した図表である。

(3) 出来高累計曲線は，工事全体の実績比率の累計を曲線で表した図表である。

(4) ガントチャートは，縦軸に出来高比率，横軸に時間経過比率をとり実施工程の上方限界と下方限界を表した図表である。

解答・解説

工程管理の基本事項

- 工程管理にあたっては，実施工程が工程計画より，やや上回るように管理する。
- 工程計画と実施工程の間に差が生じた場合は，あらゆる方面から検討し，また原因がわかったときは，速やかにその原因を除去する。
- 作業能率を高めるためには，常に工程の進捗状況を全作業員に周知徹底する。

工程表の種類と特徴

- 工程表は，工事の施工順序と所要日数などを図表化したものである。
- 工程表は，常に工事の進捗状況を把握でき，予定と実績の比較ができるようにする。

バーチャート	縦軸に作業名を示し，横軸にその作業に必要な日数を棒線で表した図表である。
ガントチャート	縦軸に作業名を示し，横軸に各作業の出来高比率を棒線で表した図表である。
グラフ式工程表	縦軸に出来高または工事作業量比率をとり，横軸に日数をとって，工種ごとの工程を斜線で表した図表である。
出来高累計曲線	縦軸に出来高比率，横軸に工期をとって，工事全体の出来高比率の累計を曲線で表した図表である。
工程管理曲線（バナナ曲線）	縦軸に出来高比率，横軸に時間経過比率をとり，上方許容限界と下方許容限界を設けて工程を管理する。
ネットワーク式工程表	工事内容を系統だてて表示して全体工事と部分工事が明確に表現でき，各工事間の調整が円滑にできる。

問 1 答 (1) ★正しくは，

- 工程管理では，実施工程が計画工程よりもやや上回るように管理する。

問 2 答 (4) ★正しくは，

- ガントチャートは，縦軸に作業名，横軸に各作業の出来高比率をとり，棒線で表した図表である。

工程管理

7　ネットワーク式工程表

問1
★★★

下図のネットワーク式工程表に示す工事の**クリティカルパスとなる日数**は，次のうちどれか。

ただし，図中のイベント間のA～Gは作業内容，数字は作業日数を表す。

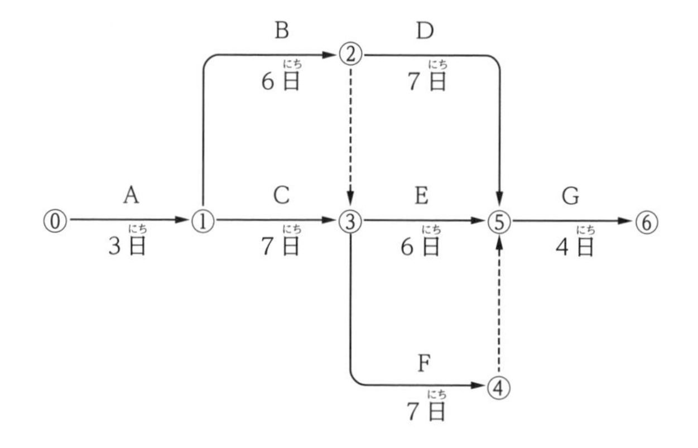

(1) 20日
(2) 21日
(3) 22日
(4) 23日

解答・解説

ネットワーク式工程表に関する用語

アクティビティ	ネットワークを構成する作業単位。
イベント	作業と作業を結合する点。対象工事の開始点または終了点。
ダミー	作業の前後関係のみを表す点線の矢印で，作業及び時間の要素を含まない。
クリティカルパス	開始イベントから終了イベントに至るまでの最長日数ルート。
最早開始時刻	作業を始めうる最も早い時刻。
最早終了時刻	作業を終了しうる最も早い時刻。
最遅開始時刻	工期に影響のない範囲で作業を最も遅く開始してよい時刻。
最遅終了時刻	工期に影響のない範囲で作業を最も遅く終了してよい時刻。
フロート	余裕時間。
トータルフロート	作業を最早開始時刻で始め，最遅終了時刻で完了する場合に生ずる余裕時間。
フリーフロート	その作業中で自由に使っても，後続作業に影響のない余裕時間。
インターフェアリングフロート	後続作業のトータルフロートに影響を及ぼす余裕時間。

問 1 答 (2) ★補足すると，

クリティカルパスは，⓪→①→③→④→⑤→⑥である。

作業日数を合計すると，3 + 7 + 7 + 0 + 4 = 21 日となる。

なお，④→⑤のダミーは，時間の要素を含まず，計算上は 0 である。

安全管理

8　掘削作業の安全確保

問1
★★★

地山の掘削作業の安全確保に関する次の記述のうち，労働安全衛生法上，**誤っているもの**はどれか。

(1) 明り掘削の作業を行う場所は，当該作業を安全に行うため必要な照度を保持しなければならない。

(2) 地山の崩壊又は土石の落下による労働者の危険を防止するため，点検者を指名し，作業箇所等について，その日の作業を開始する前に点検させる。

(3) 手掘りにより砂からなる地山の掘削の作業を行うときは，掘削面の勾配を60度以下とし，又は掘削面の高さを5m未満とする。

(4) 地山の掘削及び土止め支保工作業主任者技能講習を修了した者のうちから，地山の掘削作業主任者を選任する。

解答・解説

地山の掘削作業主任者

- 事業者は，掘削面の高さが 2 m 以上となる地山の掘削作業を行うときは，地山の掘削及び土止め支保工作業主任者技能講習を修了した者のうちから，地山の掘削作業主任者を選任しなければならない。
- 地山の掘削作業主任者は，掘削作業の方法を決定し，作業を直接指揮しなければならない。

掘削時の留意事項

- 事業者は，あらかじめ運搬機械等の運行の経路や土石の積卸し場所への出入りの方法を定めて，関係労働者に周知させなければならない。
- 掘削の作業に伴う運搬機械等が労働者の作業箇所に後進して接近するときは，誘導者を配置し，その者にこれらの機械を誘導させなければならない。
- 事業者は，地山の崩壊または土石の落下による労働者の危険を防止するため，点検者を指名し，作業箇所等について，その日の作業を開始する前に点検させなければならない。
- 地山の崩壊または土石の落下により労働者に危険を及ぼすおそれのあるときは，土止め支保工を設け，労働者の立入りを禁止する等の措置を講じなければならない。
- 明り掘削の作業を行う場所は，当該作業を安全に行うため必要な照度を保持しなければならない。

掘削面の勾配と高さ（手掘りによる場合）

砂からなる地山	35 度以下または高さ 5 m 未満
発破等で崩壊しやすい状態の地山	45 度以下または高さ 2 m 未満

問 1 答 (3) ★正しくは，

手掘りにより砂からなる地山の掘削の作業を行うときは，掘削面の勾配を 35 度以下とし，または掘削面の高さを 5 m 未満とする。

安全管理

9　解体作業の災害防止

問1 ★★★

事業者が，高さ5m以上のコンクリート構造物の解体作業に伴う災害を防止するために実施しなければならない事項に関する次の記述のうち，労働安全衛生法上，**誤っているもの**はどれか。

(1) あらかじめ，作業方法や順序，使用機械の種類や能力，立入禁止区域の設定等の作業計画を立て，関係労働者に周知する。

(2) 強風，大雨，大雪等の悪天候のため，作業の実施について危険が予想されるときは，当該作業を中止する。

(3) 解体作業を行う区域内には，関係労働者以外の労働者の立入りを禁止する。

(4) 作業主任者を選任するときは，コンクリート造の工作物の解体等作業主任者の特別教育を修了した者のうちから選任する。

解答・解説

事業者の講ずべき措置

- あらかじめ，作業方法や順序，使用機械の種類や能力，立入禁止区域の設定等の作業計画を立て，関係労働者に周知する。
- 解体作業を行う区域内には，関係労働者以外の労働者の立入りを禁止する。
- 強風，大雨，大雪等の悪天候のため，作業の実施について危険が予想されるときは，当該作業を中止する。
- 器具，工具等を上げ，または下ろすときは，つり綱，つり袋等を労働者に使用させる。
- 外壁，柱等の引倒し等の作業を行うときは，引倒し等について一定の合図を定め，関係労働者に周知させる。
- 物体の飛来または落下による労働者の危険を防止するため，当該労働者に保護帽を着用させる。

作業主任者の選任

- コンクリート造の工作物の解体等作業主任者技能講習を修了した者のうちから，コンクリート造の工作物の解体等作業主任者を選任しなければならない。

コンクリート造の工作物の解体等作業主任者の職務

①作業の方法及び労働者の配置を決定し，作業を直接指揮すること。
②器具，工具，要求性能墜落制止用器具等及び保護帽の機能を点検し，不良品を取り除くこと。
③要求性能墜落制止用器具等及び保護帽の使用状況を監視すること。

問１ 答 (4) ★正しくは，

作業主任者を選任するときは，コンクリート造の工作物の解体等作業主任者技能講習を修了した者のうちから選任する。

安全管理　10　安全衛生管理体制・型枠支保工

問1 ★★

特定元方事業者が，その労働者及び関係請負人の労働者の作業が同一の場所において行われることによって生ずる労働災害を防止するために講ずべき措置に関する次の記述のうち，労働安全衛生法上，**誤っているもの**はどれか。

(1) 関係請負人が行う労働者の安全又は衛生のための教育に対する指導及び援助を行うこと。

(2) 一次下請け，二次下請けの関係請負人毎に協議組織を設置させること。

(3) 作業間の連絡及び調整を行うこと。

(4) 作業場所を巡視すること。

問2 ★★

型枠支保工に関する次の記述のうち，労働安全衛生法上，**誤っているもの**はどれか。

(1) 型枠支保工を組み立てるときは，組立図を作成し，かつ，当該組立図により組み立てなければならない。

(2) コンクリートの打設を行うときは，その日の作業を開始する前に型枠支保工について点検しなければならない。

(3) 支柱を継ぎ足して使用する場合の継手構造は，重ね継手を基本とする。

(4) 強風や大雨等の悪天候のため危険が予想される場合は，組立て作業を行わない。

解答・解説

特定元方事業者の講ずべき主な措置

①協議組織の設置及び運営を行うこと

⇒特定元方事業者及びすべての関係請負人が参加する協議組織を設置し，当該協議組織の会議を定期的に開催する。

②作業間の連絡及び調整を行うこと

⇒随時，特定元方事業者と関係請負人との間及び関係請負人相互間における連絡及び調整を行わなければならない。

③作業場所を巡視すること

⇒毎作業日に少なくとも１回，これを行わなければならない。

④関係請負人が行う労働者の安全または衛生のための教育に対する指導及び援助を行うこと

⇒当該教育を行なう場所の提供，当該教育に使用する資料の提供等の措置を講じなければならない。

型枠支保工の安全基準

- 型枠支保工を組み立てるときは，組立図を作成し，かつ，この組立図により組み立てる。
- 支柱の継手は，突合せ継手または差込み継手とする。
- コンクリートの打設の作業を行なうときは，その日の作業を開始する前に型枠支保工について点検し，異状を認めたときは補修する。
- 強風や大雨等の悪天候のため危険が予想される場合は，組立て作業を行わない。

問１ 答（2）★正しくは，

特定元方事業者及びすべての関係請負人が参加する協議組織を設置すること。

問２ 答（3）★正しくは，

支柱を継ぎ足して使用する場合の継手の構造は，突合せ継手または差込み継手とする。

安全管理

11　足場の安全管理

問１ ★★★

高さ２ m 以上の足場（つり足場を除く）に関する次の記述のうち，労働安全衛生法上，**誤っているもの**はどれか。

(1) 足場の作業床は，幅 20 cm 以上とする。

(2) 足場の床材間の隙間は，３ cm 以下とする。

(3) 作業床の手すりの高さは，85 cm 以上とする。

(4) 足場の床材が転位し脱落しないように取り付ける支持物の数は，２つ以上とする。

問２ ★★★

足場の組立て等における事業者が行うべき事項に関する次の記述のうち，労働安全衛生規則上，**誤っているもの**はどれか

(1) 組立て，解体又は変更の時期，範囲及び順序を当該作業に従事する労働者に周知させること。

(2) 労働者に要求性能墜落制止用器具を使用させる等，労働者の墜落による危険を防止するための措置を講ずること。

(3) 組立て，解体又は変更の作業を行う区域内には，関係労働者以外の労働者の立入りを禁止すること。

(4) 強風，大雨，大雪等の悪天候のため，作業の実施について危険が予想されるときは，必要な措置を講じて作業を進めること。

解答・解説

作業床（つり足場を除く）

幅	40 cm 以上
床材間のすき間	3 cm 以下
床材と建地とのすき間	12 cm 未満

- 床材は，転位し，または脱落しないように 2 以上の支持物に取り付ける。
- 物体が落下することにより，労働者に危険を及ぼすおそれのあるときは，高さ 10 cm 以上の幅木等を設ける。
- 墜落により労働者に危険を及ぼすおそれのある箇所には，以下の設備を設ける。

枠組足場	交さ筋かい及び高さ 15 cm 以上 40 cm 以下の桟，もしくは高さ 15 cm 以上の幅木等，または手すり枠。
枠組足場以外	高さ 85 cm 以上の手すり等及び高さ 35 cm 以上 50 cm 以下の中桟等。

足場の組立て等における危険の防止

- 組立て，解体または変更の時期，範囲及び順序を当該作業に従事する労働者に周知させる。
- 組立て，解体または変更の作業を行う区域内には，関係労働者以外の労働者の立入りを禁止する。
- 強風，大雨，大雪等の悪天候のため，作業の実施について危険が予想されるときは，作業を中止する。
- 要求性能墜落制止用器具を安全に取り付けるための設備等を設け，かつ，労働者に要求性能墜落制止用器具を使用させる措置を講ずる。

問 1 答 (1) ★正しくは，

足場の作業床は，幅 40 cm 以上とする。

問 2 答 (4) ★正しくは，

強風，大雨，大雪等の悪天候のため，作業の実施について危険が予想されるときは，作業を中止すること。

安全管理

12　移動式クレーン

問１
★★

移動式クレーンを用いた作業において，事業者が行うべき事項に関する次の記述のうち，クレーン等安全規則上，**誤っているもの**はどれか。

(1) クレーンの運転は，小型の機種（つり上げ荷重が１ｔ未満）の場合でも安全のための特別の教育を受けなければならない。
(2) 運転者を，荷をつったままの状態で運転位置から離れさせてはならない。
(3) 移動式クレーンを用いて作業を行なうときは，移動式クレーンの運転について一定の合図を定め，指名した者に合図を行なわせなければならない。
(4) 強風のためクレーン作業に危険が予想される場合には，専任の監視人を配置し，特につり荷の揺れに十分な注意を払って作業しなければならない。

解答・解説

移動式クレーンに関する規定

- 移動式クレーンにその定格荷重をこえる荷重をかけて使用してはならない。
- 事業者は，移動式クレーンを用いて作業を行うときは，移動式クレーンの運転者及び玉掛けをする者が当該移動式クレーンの定格荷重を常時知ることができるよう，表示その他の措置を講じなければならない。
- アウトリガーまたは拡幅式のクローラは，原則として最大限に張り出さなければならない。
- 事業者は，移動式クレーンを用いて作業を行なうときは，移動式クレーンの運転について一定の合図を定め，合図を行なう者を指名して，その者に合図を行なわせなければならない。
- 事業者は，原則として，移動式クレーンにより，労働者を運搬し，または労働者をつり上げて作業させてはならない。
- 作業の性質上やむを得ない場合または安全な作業の遂行上必要な場合は，移動式クレーンのつり具に専用のとう乗設備を設けて当該とう乗設備に労働者を乗せることができる。
- 事業者は，強風のため，移動式クレーンに係る作業の実施について危険が予想されるときは，当該作業を中止しなければならない。
- 事業者は，移動式クレーンの運転者を，荷をつったままで，運転位置から離れさせてはならない。

移動式クレーンの運転に係る資格

つり上げ荷重１ｔ以上	移動式クレーン運転士免許取得者
つり上げ荷重が１ｔ以上５ｔ未満 (小型移動式クレーン)	小型移動式クレーン運転技能講習修了者でも可

問１ 答 (4) ★正しくは,

　事業者は，強風のため，移動式クレーンに係る作業の実施について危険が予想されるときは，当該作業を中止しなければならない。

安全管理

13　車両系建設機械

問1
★★★

車両系建設機械の安全確保に関する次の記述のうち，労働安全衛生規則上，事業者が行うべき事項として**正しいもの**はどれか。

(1) 運転者が運転位置を離れるときは，バケット等の作業装置を地上から上げた状態とし，建設機械の逸走を防止しなければならない。

(2) 建設機械の運転時に誘導者を置くときは，一定の合図を定め，誘導者に合図を行わせ運転者はこの合図に従わなければならない。

(3) 運転速度は，誘導者を適正に配置すれば，地形や地質に応じた制限速度を多少超えてもよい。

(4) 転倒や転落により運転者に危険が生ずるおそれのある場所では，転倒時保護構造を有するか，又は，シートベルトを備えた機種以外を使用しないように努めなければならない。

解答・解説

車両系建設機械に関する規定

- 最高速度が毎時 10 km 超の建設機械を用いて作業を行うときは，あらかじめ適正な制限速度を定め，それにより作業を行わなければならない。
- 路肩，傾斜地等で建設機械作業を行うときは，建設機械の転倒または転落による労働者の危険を防止するため，当該運行経路について路肩の崩壊の防止等の必要な措置を講じなければならない。
- 路肩，傾斜地等で作業を行う場合，建設機械の転倒または転落により労働者に危険が生ずるおそれのあるときは，誘導者を配置し，その者に建設機械を誘導させなければならない。
- 建設機械の運転時に誘導者を置くときは，一定の合図を定め，誘導者に合図を行わせ運転者はこの合図に従わなければならない。
- 転倒や転落により運転者に危険が生ずるおそれのある場所では，転倒時保護構造を有し，かつ，シートベルトを備えた機種以外を使用しないように努めなければならない。
- 運転者が運転位置から離れるときは，バケット等を地上に下ろし，原動機を止め，かつ，走行ブレーキをかけさせなければならない。
- 車両系建設機械に接触することにより労働者に危険が生ずるおそれのある箇所には，原則として労働者を立ち入らせてはならない。
- 車両系建設機械を用いて作業を行うときは，乗車席以外の箇所に労働者を乗せてはならない。

問 1 **答** (2) ★正しい (1) (3) (4) は，

(1) 運転者が運転位置を離れるときは，バケット等の作業装置を地上に下した状態とし，建設機械の逸走を防止しなければならない。

(3) 車両系荷役運搬機械等の運転者は，制限速度を超えて車両系荷役運搬機械等を運転してはならない。

(4) 転倒や転落により運転者に危険が生ずるおそれのある場所では，転倒時保護構造を有し，かつ，シートベルトを備えた機種以外を使用しないように努めなければならない。

品質管理

14　品質特性と試験方法

問１　★★★

建設工事の品質管理における「工種」・「品質特性」とその「試験方法」との組合せとして，**適当でないもの**は次のうちどれか。

「工種」・［品質特性］　　　　　　　［試験方法］

(1) 土工・最適含水比…………………………突固めによる土の締固め試験
(2) 路盤工・材料の粒度………………………ふるい分け試験
(3) コンクリート工・スランプ………………スランプ試験
(4) アスファルト舗装工・安定度……………平板載荷試験

問２　★★★

道路のアスファルト舗装の品質管理における品質特性と試験方法との次の組合せのうち，**適当なもの**はどれか。

［品質特性］　　　　　　　　　　　［試験方法］

(1) 針入度………………………………………ふるい分け試験
(2) 平坦性………………………………………マーシャル安定度試験
(3) 粒度…………………………………………CBR 試験
(4) アスファルト舗装の厚さ……………………コア採取による測定

解答・解説

主な品質特性と試験方法

工　種	品質特性	試験方法
土工	最大乾燥密度，最適含水比	締固め試験
	自然含水比	含水比試験
	締固め度	現場密度の測定
	土の支持力	平板載荷試験
路盤工	粒度	ふるい分け試験
	塑性指数	液性限界・塑性限界試験
	締固め度	現場密度の測定
	路盤の支持力	平板載荷試験，現場 CBR 試験
コンクリート工	粒度	ふるい分け試験
	すりへり減量	すりへり試験
	スランプ	スランプ試験
	圧縮強度	圧縮強度試験
アスファルト舗装工	粒度	ふるい分け試験
	針入度	針入度試験
	安定度	マーシャル安定度試験
	厚さ	コア採取による測定
	平坦性	平坦性試験
	密度（締固め度）	密度試験

問 1 答 (4) ★正しくは，

アスファルト舗装工の安定度の試験方法は，マーシャル安定度試験である。

問 2 答 (4) ★正しい (1) (2) (3) は，

(1) 針入度の試験方法は，針入度試験である。
(2) 平坦性の試験方法は，平坦性試験である。
(3) 粒度の試験方法は，ふるい分け試験である。

品質管理　15 レディーミクストコンクリート

問1 ★★★

レディーミクストコンクリート（JIS A 5308）の品質管理に関する次の記述のうち，**適当でないもの**はどれか。

(1) 1回の圧縮強度試験結果は，購入者の指定した呼び強度の強度値の85％以上である。

(2) スランプ8 cmのコンクリートのスランプ試験結果で許容されるスランプの下限値は，5.5 cmである。

(3) 品質管理の項目は，強度，スランプ又はスランプフロー，空気量，塩化物含有量の4つの項目である。

(4) レディーミクストコンクリートの品質の検査は，工場出荷時に行う。

問2 ★★★

呼び強度24，スランプ12 cm，空気量4.5％と指定したレディーミクストコンクリート（JIS A 5308）の受入れ時の判定基準を**満足しないもの**はどれか。

(1) スランプ試験の結果は，10.0 cmである。

(2) 3回の圧縮強度試験結果の平均値は，25 N/mm^{2}である。

(3) 1回の圧縮強度試験結果は，20 N/mm^{2}である。

(4) 空気量試験の結果は，6.0％である。

解答・解説

レディーミクストコンクリートの受入検査

- レディーミクストコンクリートの品質検査は，打込み時または荷卸し時に行う。

検査項目	判定基準（許容差）
スランプ	スランプ 5 cm 以上 8 cm 未満：± 1.5 cm スランプ 8 cm 以上 18 cm 以下：± 2.5 cm
スランプフロー	スランプフロー 50 cm：± 7.5 cm スランプフロー 60 cm：± 10 cm
空気量	± 1.5 %
塩化物含有量	原則として，0.30 kg/m^3 以下

※スランプ…フレッシュコンクリートの軟らかさを示す値。
※スランプフロー…スランプ試験後のコンクリートの広がり具合を示す値。

圧縮強度試験

- 圧縮強度試験は，一般に材齢 28 日で行う。

1 回の試験の結果	購入者が指定した呼び強度の値の 85 %以上
3 回の試験の平均値	購入者が指定した呼び強度の値以上

打込み時の温度管理

暑中コンクリート	35 ℃以下
寒中コンクリート	5 ℃ ～ 20 ℃

問 1 答 (4) ★正しくは，

レディーミクストコンクリートの品質の検査は，打込み時または荷卸し時に行う。

問 2 答 (3) ★正しくは，

1 回の圧縮強度試験結果は，呼び強度の値 × 0.85 = 24 × 0.85 = 20.4 N/mm^2 以上でなければならない。

品質管理

16 ヒストグラム

問１ ★★

測定データ（整数）を整理した下図のヒストグラムから読み取れる内容に関する次の記述のうち，**適当でないものはどれか。**

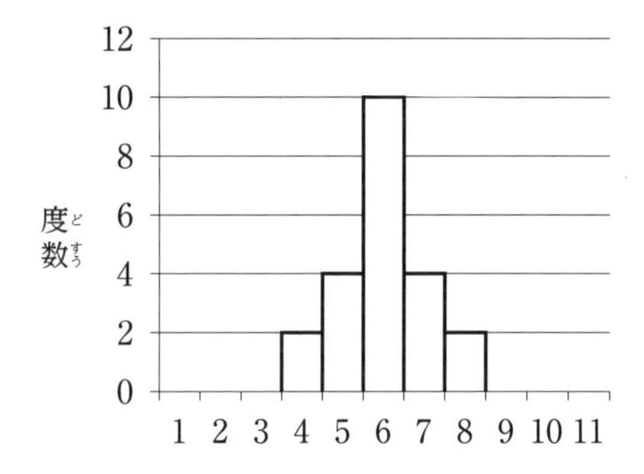

(1) 測定されたデータの最大値は，８である。

(2) 測定されたデータの平均値は，６である。

(3) 測定されたデータの範囲は，４である。

(4) 測定されたデータの総数は，18 である。

解答・解説

ヒストグラムの見方

- ヒストグラムからは，測定値のばらつきの状態を知ることができる。
- ヒストグラムでは，横軸に測定値，縦軸に度数を示している。
- ヒストグラムは，データの存在する範囲をいくつかの区間に分け，それぞれの区間に入るデータの数を度数として高さで表している。

①左右対称の場合	規格値に対するばらつきもゆとりもあり，平均値も規格値の中心と一致していて，理想的な型である。
②下限側・上限側ともゆとりがない場合	わずかな工程変化で規格値を割るものがでるため，ばらつきを小さくする必要がある。
③下限規格値を割っている場合	平均値を上限側にずらし，ばらつきを小さくする必要がある。
④下限規格値も上限規格値も割っている場合	応急措置が必要であり，ばらつきを小さくするための要因を解析して根本的な対策をとる。

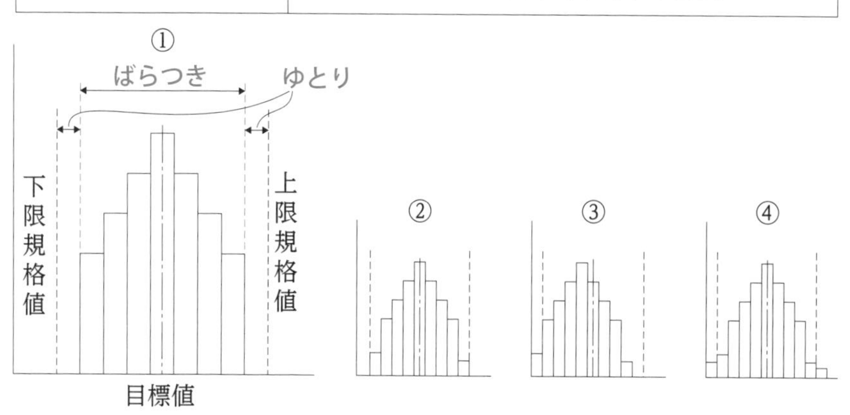

問1 答 (4) ★正しくは，

測定されたデータの総数は，$2 + 4 + 10 + 4 + 2 = 22$ である。なお，データの範囲とは，最大値と最小値の差をいい，本問の場合，$8 - 4 = 4$ である。

品質管理

17　盛土の品質管理

問 1　★★★

盛土の締固めの目的に関する次の記述のうち，**適当でないもの**はどれか。

(1) 土の空気間隙を大きくし，透水性を大きくする。
(2) 完成後の盛土自体の圧縮沈下を抑える。
(3) 盛土の法面の安定や土の支持力増加など，必要な強度を得る。
(4) 雨水の浸入による土の軟化や吸水による膨張を小さくする。

問 2　★★★

盛土の締固めの品質に関する次の記述のうち，**適当でないもの**はどれか。

(1) 締固めの品質規定方式は，盛土の締固め度などを規定する方法である。
(2) 締固めの工法規定方式は，使用する締固め機械の機種，敷均し厚さなどを規定する方法である。
(3) 最もよく締まる含水比は，最大乾燥密度が得られる含水比で施工含水比である。
(4) 現場での土の湿潤密度の測定方法には，その場ですぐに結果が得られる RI 計器による方法がある。

解答・解説

盛土の締固めの目的

- 土の空気間隙を少なくし，透水性を低下させるなどして，土を安定した状態にする。
- 盛土の法面の安定や土の支持力増加など，必要な強度特性を得る。
- 盛土完成後の圧縮沈下を抑制し，変形を少なくする。
- 雨水の浸入による土の軟化や吸水による膨張を小さくする。

盛土の締固めの品質

- 盛土の締固めの効果や性質は，土の種類や含水比，施工方法によって変化する。
- 最もよく締まる含水比は，最大乾燥密度が得られる含水比で，最適含水比という。

品質管理方法

品質規定方式	盛土の締固め度などを規定する。
工法規定方式	使用する締固め機械の機種や締固め回数，敷均し厚さなどを規定する。

締固めの品質規定方法

乾燥密度，湿潤密度	砂置換法，RI 計器により測定する。
強度特性，変形特性	現場 CBR，地盤反力係数，貫入抵抗，プルーフローリングによるたわみ等により規定する。

問 1 答 (1) ★正しくは，

土の空気間隙を少なくし，透水性を低下させる。

問 2 答 (3) ★正しくは，

最もよく締まる含水比は，最大乾燥密度が得られる含水比で最適含水比である。

環境保全

18　環境保全対策

問１ ★★

建設工事における建設機械の騒音振動対策に関する次の記述のうち，**適当でないもの**はどれか。

(1) アスファルトフィニッシャは，敷均しのためのスクリード部の締固め機構において，バイブレータ式の方がタンパ式よりも騒音が小さい。

(2) 車輪式（ホイール式）の建設機械は，履帯式（クローラ式）の建設機械に比べて一般に騒音振動のレベルが大きい。

(3) ブルドーザを用いて掘削押土を行う場合，無理な負荷をかけないようにし，後進時の高速走行を避けなければならない。

(4) 建設機械は，整備不良による騒音振動が発生しないように点検，整備を十分に行う。

問２ ★★

「建設工事に係る資材の再資源化に関する法律」（建設リサイクル法）に定められている特定建設資材に**該当しないもの**は，次のうちどれか。

(1) コンクリート及び鉄から成る建設資材

(2) 建設発生土

(3) アスファルト・コンクリート

(4) 木材

解答・解説

土工における建設機械の騒音・振動

- 整備不良による騒音振動が発生しないように点検，整備を十分に行う。
- 一般に老朽化するにつれ，機械各部にゆるみや磨耗が生じ，騒音振動の発生量も大きくなる。
- 一般に形式により騒音振動が異なり，空気式のものは油圧式のものに比べて騒音が大きい傾向がある。
- 車輪式（ホイール式）の建設機械は，履帯式（クローラ式）の建設機械に比べて一般に騒音振動のレベルが小さい。
- 履帯式（クローラ式）の建設機械では，履帯の張りの調整に注意しなければならない。
- 建設機械による掘削，積込み作業は，できる限り衝撃力による施工を避け，不必要な高速運転やむだな空ぶかしを避ける。
- ブルドーザによる掘削運搬作業では，騒音の発生状況は，後進の速度が速くなるほど大きくなる。
- アスファルトフィニッシャは，夜間工事など静かさが要求される場合には，タンパ式よりも騒音が小さいバイブレータ式を採用する。

特定建設資材

①コンクリート　②コンクリート及び鉄から成る建設資材　③木材
④アスファルト・コンクリート

特定建設資材に該当しないもの

- 土砂
- 建設発生土

問１ 答 (2) ★正しくは，

車輪式（ホイール式）の建設機械は，履帯式（クローラ式）の建設機械に比べて一般に騒音振動のレベルが小さい。

問２ 答 (2) ★補足すると，

建設発生土は，特定建設資材に該当しない。

第一次検定　第4章

基礎的な能力

施工計画

1　建設機械

問１
★★★

建設機械の走行に必要なコーン指数に関する下記の文章中の［　］の（イ）～（ニ）に当てはまる語句の組合せとして，**適当なもの**は次のうちどれか。

- 建設機械の走行に必要なコーン指数は，［(イ)］より［(ロ)］の方が小さく，［(イ)］より［(ハ)］の方が大きい。
- 走行頻度の多い現場では，より［(ニ)］コーン指数を確保する必要がある。

	（イ）	（ロ）	（ハ）	（ニ）
(1)	ダンプトラック	自走式スクレーパ	超湿地ブルドーザ	大きな
(2)	普通ブルドーザ（21ｔ級）	自走式スクレーパ	ダンプトラック	小さな
(3)	普通ブルドーザ（21ｔ級）	湿地ブルドーザ	ダンプトラック	大きな
(4)	ダンプトラック	湿地ブルドーザ	超湿地ブルドーザ	小さな

解答・解説

建設機械の走行に必要なコーン指数

超湿地ブルドーザ	200 kN/m^2
湿地ブルドーザ	300 kN/m^2
普通ブルドーザ（21 t 級）	700 kN/m^2
自走式スクレーパ	1,000 kN/m^2
ダンプトラック	1,200 kN/m^2

※コーン指数…土壌のトラフィカビリティ（走行しやすさ）を示す値で，数値が大きいほど走行性がよくなる。また，走行頻度が多い現場ほど大きい値を確保する必要がある。

建設機械の作業能力と作業効率

作業能力	• 単独，または組み合わされた機械の時間当たりの平均作業量で表す。 • 整備を十分に行うことで向上する。
作業効率	• 気象条件，工事の規模，運転員の技量等の各種条件により変化する。

ブルドーザの作業能力を求める式

$$Q = \frac{60 \times q \times f \times E}{C_m}$$

Q ：運転時間当たりの作業量（m^3/h）
q ：1 回の掘削押土量（m^3）
f ：土量換算係数
E ：作業効率
C_m：サイクルタイム（min）

土の種類とブルドーザの作業効率

土の種類	作業効率
岩塊・玉石	0.20 ~ 0.35
礫まじり土	0.30 ~ 0.55
砂	0.40 ~ 0.60

問 1 答 (3) ★補足すると，

• 建設機械の走行に必要なコーン指数は，普通ブルドーザ（21 t 級）より湿地ブルドーザの方が小さく，普通ブルドーザ（21 t 級）よりダンプトラックの方が大きい。
• 走行頻度の多い現場では，より大きなコーン指数を確保する必要がある。

1 建設機械

施工計画

2　施工計画

問1
★★★

施工計画の作成に関する下記の文章中の□の(イ)～(ニ)に当てはまる語句の組合せとして，**適当なもの**は次のうちどれか。

- 事前調査は，契約条件・設計図書の検討，(イ)が主な内容であり，また調達計画は，労務計画，機械計画，(ロ)が主な内容である。
- 管理計画は，品質管理計画，環境保全計画，(ハ)が主な内容であり，また施工技術計画は，作業計画，(ニ)が主な内容である。

	(イ)	(ロ)	(ハ)	(ニ)
(1)	工程計画	安全衛生計画	資材計画	仮設備計画
(2)	現地調査	安全衛生計画	資材計画	工程計画
(3)	工程計画	資材計画	安全衛生計画	仮設備計画
(4)	現地調査	資材計画	安全衛生計画	工程計画

解答・解説

事前調査

- 事前調査は，契約条件，設計図書の検討，現地調査が主な内容である。

契約条件等の確認事項

- 契約書の内容　• 設計図書の内容　• 仕様書の内容　• 工事数量

現地調査

目　的	調査事項
自然条件の把握	地質，地下水，湧水など。
近隣環境の把握	現場用地の状況，近接構造物，地下埋設物など。
労務，資機材の把握	労務の供給，資機材などの調達先など。
輸送，用地の把握	道路状況，工事用地など。

各種計画の主な内容

施工技術計画	作業計画，工程計画など。
仮設備計画	仮設備の設計，仮設備の配置計画など。
調達計画	外注計画，労務計画，資材計画，機械計画など。
管理計画	品質管理計画，安全衛生計画，環境保全計画など。
環境保全計画	法規に基づく規制基準に適合させるための計画など。

問 1 答 (4) ★補足すると，

- 事前調査は，契約条件・設計図書の検討，現地調査が主な内容であり，また調達計画は，労務計画，機械計画，資材計画が主な内容である。
- 管理計画は，品質管理計画，環境保全計画，安全衛生計画が主な内容であり，また施工技術計画は，作業計画，工程計画が主な内容である。

工程管理

3　工程管理

問１

★★★

工程管理の基本事項に関する下記の文章中の［　　］の（イ）～（ニ）に当てはまる語句の組合せとして，**適当なもの**は次のうちどれか。

- 工程管理にあたっては，［(イ)］が，［(ロ)］よりも，やや上回る程度に管理をすることが最も望ましい。
- 工程管理においては，常に工程の［(ハ)］を全作業員に周知徹底させて，全作業員に［(ニ)］を高めるように努力させることが大切である。

	（イ）	（ロ）	（ハ）	（ニ）
(1)	実施工程	工程計画	進行状況	作業能率
(2)	実施工程	工程計画	作業能率	進行状況
(3)	工程計画	実施工程	進行状況	作業能率
(4)	作業能率	進行状況	実施工程	工程計画

解答・解説

工程管理の基本事項

- 工程管理にあたっては，実施工程が工程計画より，やや上回るように管理する。
- 工程計画と実施工程の間に差が生じた場合は，あらゆる方面から検討し，また原因がわかったときは，速やかにその原因を除去する。
- 作業能率を高めるためには，常に工程の進行状況を全作業員に周知徹底する。

工程表の種類と特徴

- 工程表は，工事の施工順序と所要日数などを図表化したものである。
- 工程表は，常に工事の進捗状況を把握でき，予定と実績の比較ができるようにする。

バーチャート	縦軸に作業名を示し，横軸にその作業に必要な日数を棒線で表した図表である。
ガントチャート	縦軸に作業名を示し，横軸に各作業の出来高比率を棒線で表した図表である。
グラフ式工程表	縦軸に出来高または工事作業量比率をとり，横軸に日数をとって，工種ごとの工程を斜線で表した図表である。
出来高累計曲線	縦軸に出来高比率，横軸に工期をとって，工事全体の出来高比率の累計を曲線で表した図表である。
工程管理曲線（バナナ曲線）	縦軸に出来高比率，横軸に時間経過比率をとり，上方許容限界と下方許容限界を設けて工程を管理する。
ネットワーク式工程表	工事内容を系統だてて明確にし，作業相互の関連や順序，施工時期などが的確に判断できるようにした図表である。

問 1 答 (1) ★補足すると，

- 工程管理にあたっては，実施工程が，工程計画よりも，やや上回る程度に管理をすることが最も望ましい。
- 工程管理においては，常に工程の進行状況を全作業員に周知徹底させて，全作業員に作業能率を高めるように努力させることが大切である。

工程管理

4　ネットワーク式工程表

問1
★★★

下図のネットワーク式工程表について記載している下記の文章中の□の（イ）～（ニ）に当てはまる語句の組合せとして，**正しいもの**は次のうちどれか。

ただし，図中のイベント間のA～Gは作業内容，数字は作業日数を表す。

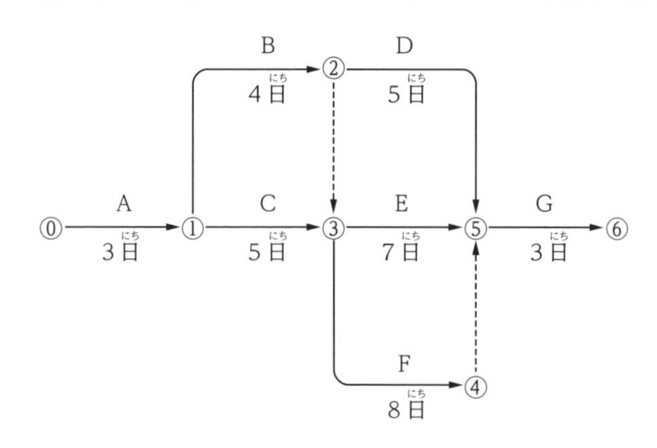

- ［(イ)］及び［(ロ)］は，クリティカルパス上の作業である。
- 作業Bが［(ハ)］遅延しても，全体の工期に影響はない。
- この工程全体の工期は，［(ニ)］である。

	(イ)	(ロ)	(ハ)	(ニ)
(1)	作業C	作業D	1日	18日
(2)	作業B	作業D	2日	19日
(3)	作業C	作業F	1日	19日
(4)	作業B	作業F	2日	18日

解答・解説

クリティカルパス

- クリティカルパスは，開始イベントから終了イベントに至るまでの最長日数ルートである。
- 設問のクリティカルパスは，⓪→①→③→④→⑤→⑥である。

全体の工期の求め方

- 全体の工期は，クリティカルパス上の作業日数を足して求める。
- ダミー（点線の矢印）は，実際の作業が生ぜず，作業日数は 0 となる。
- ダミーで結ばれたイベント（丸付き数字）に続く作業は，ダミーで結ばれたイベントまでの作業日数が多いほうの作業が終了してから開始できる。

  例）作業 E と D は，作業 C が終了してから開始でき，作業 G は，作業 F が終了してから開始できる。

作業の遅延による影響

- 同時並行の作業がある場合，所要日数の一番少ない作業は，所要日数の一番多い作業との差分だけ作業が遅延しても，全体の工期に影響を与えない。

  例）作業 B は，作業 C よりも所要日数が 1 日少ないので，1 日遅延しても全体の工期に影響はない。
  作業 D は，作業 F よりも所要日数が 3 日少ないので，3 日遅延しても全体の工期に影響はない。

問 1 答 (3) ★補足すると，

- 作業 C 及び作業 F は，クリティカルパス上の作業である。
- 作業 B が 1 日遅延しても，全体の工期に影響はない。
- この工程全体の工期は，19 日である。
  全工期＝作業 A（3 日）＋作業 B･C の最大日数（5 日）＋作業 D･E・F の最大日数（8 日）＋作業 G（3 日）

安全管理

5　足場の安全管理

問 1
★★★

足場の安全管理に関する下記の文章中の □ の（イ）～（ニ）に当てはまる語句の組合せとして，労働安全衛生法上，**適当なもの**は次のうちどれか。

- 足場の作業床より物体の落下を防ぐ，（イ）を設置する。
- 足場の作業床の（ロ）には，（ハ）を設置する。
- 足場の作業床の（ニ）は，3 cm 以下とする。

	（イ）	（ロ）	（ハ）	（ニ）
(1)	幅木	手すり	筋かい	隙間
(2)	幅木	手すり	中桟	隙間
(3)	中桟	筋かい	幅木	段差
(4)	中桟	筋かい	手すり	段差

解答・解説

作業床（つり足場を除く）に関する数値

作業床の幅	40 cm 以上
床材間の隙間	3 cm 以下
床材と建地との隙間	12 cm 未満
桟の高さ	15 cm 以上 40 cm 以下
幅木の高さ	墜落の危険がある箇所：15 cm 以上
	物体の落下の危険がある箇所：10 cm 以上

墜落により労働者に危険を及ぼすおそれのある箇所に設けるもの

わく組足場 （次のいずれか）	• 交さ筋かい＋高さ 15 cm 以上 40 cm 以下の桟もしくは高さ 15 cm 以上の幅木またはこれらと同等以上の機能を有する設備 • 手すりわく
わく組足場以外	• 手すり等＋中桟等

※手すりわく…手すりと中桟を一体化させたもの。

物体の落下により労働者に危険を及ぼすおそれのあるときに設けるもの

• 高さ 10 cm 以上の幅木，メッシュシートもしくは防網またはこれらと同等以上の機能を有する設備

手すりに関する数値

手すりの高さ	85 cm 以上
中桟の高さ	35 cm 以上 50 cm 以下

問 1 答 (2) ★補足すると，

- 足場の作業床より物体の落下を防ぐ，幅木を設置する。
- 足場の作業床の手すりには，中桟を設置する。
- 足場の作業床の隙間は，3 cm 以下とする。

安全管理

6　移動式クレーン

問1
★★★

移動式クレーンを用いた作業において，事業者が行うべき事項に関する下記の文章中の［　］の（イ）～（ニ）に当てはまる語句の組合せとして，クレーン等安全規則上，**正しいもの**は次のうちどれか。

- 移動式クレーンに，その［(イ)］をこえる荷重をかけて使用してはならず，また強風のため作業に危険が予想されるときには，当該作業を［(ロ)］しなければならない。
- 移動式クレーンの運転者を荷をつったままで［(ハ)］から離れさせてはならない。
- 移動式クレーンの作業においては，［(ニ)］を指名しなければならない。

	（イ）	（ロ）	（ハ）	（ニ）
(1)	定格荷重	注意して実施	運転位置	監視員
(2)	定格荷重	中止	運転位置	合図者
(3)	最大荷重	注意して実施	旋回範囲	合図者
(4)	最大荷重	中止	旋回範囲	監視員

解答・解説

移動式クレーンに関する用語の定義

つり上げ荷重	構造及び材料に応じて負荷させることができる最大の荷重。
定格荷重	構造及び材料並びにジブもしくはブームの傾斜角，長さまたはジブ上のトロリの位置に応じて負荷させることができる最大の荷重から，フック，グラブバケット等のつり具の重量に相当する荷重を控除した荷重。

移動式クレーンの使用に関する規定

- 事業者は，移動式クレーンにその定格荷重をこえる荷重をかけて使用してはならない。
- 事業者は，移動式クレーンの運転者及び玉掛けをする者が当該移動式クレーンの定格荷重を常時知ることができるよう，表示その他の措置を講じなければならない。
- 事業者は，原則として，移動式クレーンの運転について一定の合図を定め，合図を行なう者を指名して，その者に合図を行なわせなければならない。
- 事業者は，強風のため，移動式クレーンに係る作業の実施について危険が予想されるときは，当該作業を中止しなければならない。
- 事業者は，移動式クレーンの運転者を，荷をつったままで，運転位置から離れさせてはならない。
- 運転者は，荷をつったままで，運転位置を離れてはならない。

問１ 答 (2) ★補足すると，

- 移動式クレーンに，その定格荷重をこえる荷重をかけて使用してはならず，また強風のため作業に危険が予想されるときには，当該作業を中止しなければならない。
- 移動式クレーンの運転者を荷をつったままで運転位置から離れさせてはならない。
- 移動式クレーンの作業においては，合図者を指名しなければならない。

安全管理

7 車両系建設機械

問1 ★★★

車両系建設機械を用いた作業において，事業者が行うべき事項に関する下記の文章中の［　　］の（イ）～（ニ）に当てはまる語句の組合せとして，労働安全衛生法上，**正しいもの**は次のうちどれか。

- 車両系建設機械には，原則として［(イ)］を備えなければならず，また転倒又は転落の危険が予想される作業では運転者に［(ロ)］を使用させるよう努めなければならない。
- 岩石の落下等の危険が予想される場合，堅固な［(ハ)］を装備しなければならない。
- 運転者が運転席を離れる際は，原動機を止め，［(ニ)］，走行ブレーキをかける等の措置を講じなければならない。

	(イ)	(ロ)	(ハ)	(ニ)
(1)	前照灯	要求性能墜落制止用器具	バックレスト	または
(2)	回転灯	要求性能墜落制止用器具	バックレスト	かつ
(3)	回転灯	シートベルト	ヘッドガード	または
(4)	前照灯	シートベルト	ヘッドガード	かつ

解答・解説

車両系建設機械に関する規定

- 車両系建設機械については，原則として，前照灯及び後照灯を備えたものでなければ使用してはならない。
- 岩石の落下等により労働者に危険が生ずるおそれのある場所で車両系建設機械を使用するときは，当該車両系建設機械に堅固なヘッドガードを備えなければならない。
- 車両系建設機械の転倒または転落により運転者に危険が生ずるおそれのある場所においては，転倒時保護構造を有し，かつ，シートベルトを備えたもの以外の車両系建設機械を使用しないように努めるとともに，運転者にシートベルトを使用させるように努めなければならない。
- 運転中の車両系建設機械に接触することにより労働者に危険が生ずるおそれのある箇所には，原則として，労働者を立ち入らせてはならない。
- 車両系建設機械の運転者が運転位置から離れるときは，バケット等の作業装置を地上に下ろし，原動機を止め，かつ，走行ブレーキをかける等の車両系建設機械の逸走を防止する措置を講じなければならない。
- 車両系建設機械を用いて作業を行なうときは，乗車席以外の箇所に労働者を乗せてはならない。
- 車両系建設機械を用いて作業を行なうときは，その日の作業を開始する前に，ブレーキ及びクラッチの機能について点検を行なわなければならない。

問 1 答 (4) ★補足すると，

- 車両系建設機械には，原則として前照灯を備えなければならず，また転倒又は転落の危険が予想される作業では運転者にシートベルトを使用させるよう努めなければならない。
- 岩石の落下等の危険が予想される場合，堅固なヘッドガードを装備しなければならない。
- 運転者が運転席を離れる際は，原動機を止め，かつ，走行ブレーキをかける等の措置を講じなければならない。

品質管理

8 ヒストグラム

問１
★★★

Ａ工区，Ｂ工区における測定値を整理した下図のヒストグラムについて記載している下記の文章中の［　　］の（イ）～（ニ）に当てはまる語句の組合せとして，**適当なもの**は次のうちどれか。

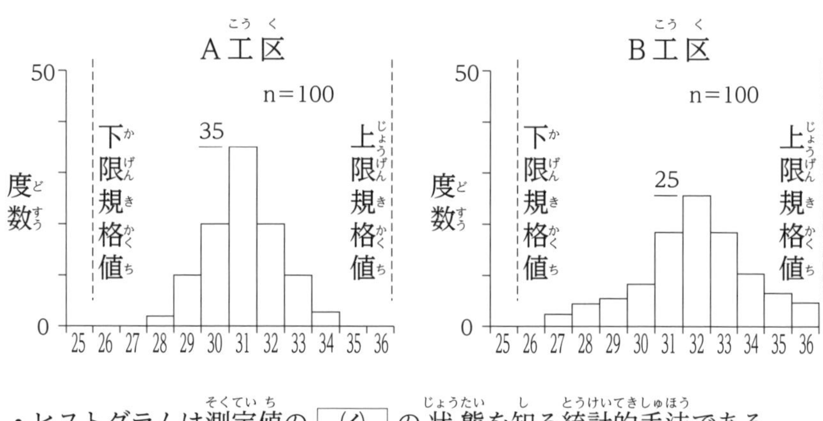

- ヒストグラムは測定値の［(イ)］の状態を知る統計的手法である。
- Ａ工区における測定値の総数は［(ロ)］で，Ｂ工区における測定値の最大値は［(ハ)］である。
- より良好な結果を示しているのは［(ニ)］の方である。

	（イ）	（ロ）	（ハ）	（ニ）
(1)	ばらつき	100	25	Ｂ工区
(2)	時系列変化	50	36	Ｂ工区
(3)	ばらつき	100	36	Ａ工区
(4)	時系列変化	50	25	Ａ工区

解答・解説

ヒストグラムを見る上での留意点

- 規格値を満足しているか（規格値の範囲内にあるか）。
- 分布の位置はどうか。
- 分布の幅（ばらつき）はどうか。
- 飛び離れたデータはないか。
- 分布の右か左が絶壁になっていないか。
- 分布の山が 2 つ以上になっていないか。

設問の図から読み取れる内容

A 工区

- n ＝測定値の総数（100）
- 最大値＝ 34
- 最小値＝ 28
- 最も度数が多い測定値＝ 31（度数 35）
- 左右対称で，上限規格値と下限規格値に対してゆとりがあり，平均値も上限・下限規格値間の中心と一致していて，理想的な型である。

B 工区

- n ＝測定値の総数（100）
- 最大値＝ 36
- 最小値＝ 27
- 最も度数が多い測定値＝ 32（度数 25）
- 上限規格値に対してゆとりがなく，全体に右側（上限側）にかたより，ばらつきも広がっている。

問 1 答（3）★補足すると，

- ヒストグラムは測定値のばらつきの状態を知る統計的手法である。
- A 工区における測定値の総数は 100 で，B 工区における測定値の最大値は 36 である。
- より良好な結果を示しているのは A 工区の方である。

品質管理

9　盛土の品質管理

問１　★★★

盛土の締固めにおける品質管理に関する下記の文章中の［　］の(イ)～(ニ)に当てはまる語句の組合せとして，**適当なもの**は次のうちどれか。

- 盛土の締固めの品質管理の方式のうち工法規定方式は，使用する締固め機械の機種や締固め［(イ)］等を規定するもので，品質規定方式は，盛土の［(ロ)］等を規定する方法である。
- 盛土の締固めの効果や性質は，土の種類や含水比，施工方法によって［(ハ)］。
- 盛土が最もよく締まる含水比は，最大乾燥密度が得られる含水比で［(ニ)］含水比である。

	(イ)	(ロ)	(ハ)	(ニ)
(1)	回数	材 料	変化しない	最大
(2)	回数	締固め度	変化する	最適
(3)	厚さ	締固め度	変化しない	最適
(4)	厚さ	材 料	変化する	最大

解答・解説

盛土の締固めの目的

- 土の空気間隙を少なくし，透水性を低下させるなどして，土を安定した状態にする。
- 盛土の法面の安定や土の支持力増加など，必要な強度特性を得る。
- 盛土完成後の圧縮沈下を抑制し，変形を少なくする。

盛土の締固めの品質

- 盛土の締固めの効果や性質は，土の種類や含水比，施工方法によって変化する。
- 最もよく締まる含水比は，最大乾燥密度が得られる含水比で，最適含水比という。

品質管理方法

品質規定方式	盛土の締固め度などを規定する。
工法規定方式	使用する締固め機械の機種や締固め回数，敷均し厚さなどを規定する。

締固めの品質規定方法

乾燥密度	砂置換法，RI 計器により測定する。
強度特性，変形特性	現場 CBR，地盤反力係数，貫入抵抗，プルーフローリングによるたわみ等により規定する。

問 1 答 (2) ★補足すると，

- 盛土の締固めの品質管理の方式のうち工法規定方式は，使用する締固め機械の機種や締固め回数等を規定するもので，品質規定方式は，盛土の締固め度等を規定する方法である。
- 盛土の締固めの効果や性質は，土の種類や含水比，施工方法によって変化する。
- 盛土が最もよく締まる含水比は，最大乾燥密度が得られる含水比で最適含水比である。

第二次検定

穴埋問題　1 土工

問1 ★★★

盛土の施工に関する次の文章の［　　］の(イ)～(ホ)に当てはまる**適切な語句を，次の語句から選び**解答欄に記入しなさい。

(1) 盛土材料としては，可能な限り現地［(イ)］を有効利用することを原則としている。

(2) 盛土の［(ロ)］に草木や切株がある場合は，伐開除根など施工に先立って適切な処理を行うものとする。

(3) 盛土材料の含水量調節には曝気と［(ハ)］があるが，これらは一般に敷均しの際に行われる。

(4) 盛土の施工にあたっては，雨水の浸入による盛土の［(ニ)］や豪雨時などの盛土自体の崩壊を防ぐため，盛土施工時の［(ホ)］を適切に行うものとする。

[語句]

購入土，	固化材，	サンドマット，	腐植土，	軟弱化，
発生土，	基礎地盤，	日照，	粉じん，	粒度調整，
散水，	補強材，	排水，	不透水層，	越水

解答

問１ 答 （イ）発生土　（ロ）基礎地盤　（ハ）散水　（ニ）軟弱化　（ホ）排水

(1) 盛土材料としては，可能な限り現地発生土を有効利用することを原則としている。

(2) 盛土の基礎地盤に草木や切株がある場合は，伐開除根など施工に先立って適切な処理を行うものとする。

(3) 盛土材料の含水量調節には曝気と散水があるが，これらは一般に敷均しの際に行われる。

(4) 盛土の施工にあたっては，雨水の浸入による盛土の軟弱化や豪雨時などの盛土自体の崩壊を防ぐため，盛土施工時の排水を適切に行うものとする。

関連項目

盛土材料	敷均しや締固めが容易で，締固め後のせん断強度が高く，圧縮性が小さく，吸水による膨潤性が低いことが望ましい。
敷均し	薄層でていねいに敷均しを行えば，均一でよく締まった盛土を築造できる。
含水量の調節	材料の自然含水比が締固め時に規定される施工含水比の範囲内にない場合は，その範囲に入るよう，曝気乾燥やトレンチ掘削によって含水比を低下させる，散水するなどの方法をとる。
締固めの目的	盛土法面の安定や土の支持力の増加など，土の構造物として必要な強度特性が得られるようにすること。
締固めの条件	最適含水比，最大乾燥密度に締め固められた土は，間隙が最小となっている。
タイヤローラ	タイヤの接地圧を載荷重及び空気圧により変化させることができ,バラストを載荷することによって総重量を変えることができる。
振動ローラ	振動によって土の粒子を密な配列に移行させ，小さな重量で大きな効果を得ようとする者で，一般に粘性に乏しい砂利や砂質土の締固めに効果がある。

穴埋問題

1 土工

問2
★★★

切土法面の施工における留意事項に関する次の文章の□の（イ）～（ホ）に当てはまる**適切な語句を，次の語句から選び**解答欄に記入しなさい。

(1) 切土法面の施工中は，雨水などによる法面浸食や崩壊，落石などが発生しないように，一時的な法面の［(イ)］，法面保護，落石防止を行うのがよい。

(2) 切土法面の施工中は，掘削終了を待たずに切土の施工段階に応じて順次［(ロ)］から保護工を施工するのがよい。

(3) 露出することにより［(ハ)］の早く進む岩は，できるだけ早くコンクリートや［(ニ)］吹付けなどの工法による処置を行う。

(4) 切土法面の施工に当たっては，丁張にしたがって仕上げ面から［(ホ)］をもたせて本体を掘削し，その後法面を仕上げるのがよい。

[語句]

風化,	中間部,	余裕,	飛散,	水平,
下方,	モルタル,	上方,	排水,	骨材,
中性化,	支持,	転倒,	固結,	鉄筋

解　答

問２ 答（イ）排水　（ロ）上方　（ハ）風化　（ニ）モルタル
（ホ）余裕

(1) 切土法面の施工中は，雨水などによる法面浸食や崩壊，落石などが発生しないように，一時的な法面の排水，法面保護，落石防止を行うのがよい。

(2) 切土法面の施工中は，掘削終了を待たずに切土の施工段階に応じて順次上方から保護工を施工するのがよい。

(3) 露出することにより風化の早く進む岩は，できるだけ早くコンクリートやモルタル吹付けなどの工法による処置を行う。

(4) 切土法面の施工に当たっては，丁張にしたがって仕上げ面から余裕をもたせて本体を掘削し，その後法面を仕上げるのがよい。

関連項目

切土の施工機械	地質・土質条件，工事工程などに合わせて最も効率的で経済的となるよう選定する。
法面勾配	切土部は常に表面排水を考えて適切な勾配をとり，かつ切土面を滑らかに整形するとともに，雨水などが湛水しないようにする。
小段の設置	切土法面では土質，岩質，法面の規模に応じて，高さ５～10 mごとに１～２m幅の小段を設ける。
切土法面の排水	一時的な切土法面の排水は，ビニールシートや土嚢などの組合せにより，仮排水路を法肩の上や小段に設け，雨水を集水して縦排水路で法尻へ導いて排水する。
落石防止	亀裂の多い岩盤や礫などの浮石の多い法面では，仮設の落石防護網や落石防護柵を施工することもある。
裏込め材料	非圧縮性で透水性があり，締固めが容易で，かつ水の浸入による強度の低下が少ない，安定した材料を用いる。
裏込め部の排水	工事中は雨水の流入をできるだけ防止し，浸透水に対しては，地下排水溝を設けて処理する。

穴埋問題

2　コンクリート工

問1　★★★

コンクリートの打継ぎの施工に関する次の文章の□の（イ）～（ホ）に当てはまる**適切な語句を，次の語句から選び**解答欄に記入しなさい。

(1) 打継目は，構造上の欠陥になりやすく，□(イ)□やひび割れの原因にもなりやすいため，その配置や処理に注意しなければならない。

(2) 打継目には，水平打継目と鉛直打継目とがある。いずれの場合にも，新コンクリートを打ち継ぐ際には，打継面の□(ロ)□や緩んだ骨材粒を完全に取り除き，コンクリート表面を□(ハ)□にした後，十分に□(ニ)□させる。

(3) 水密を要するコンクリート構造物の鉛直打継目では，□(ホ)□を用いる。

[語句]

ワーカビリティー	乾燥,	モルタル,	堅実,	漏水,
コンシステンシー,	平滑,	吸水,	はく離剤	粗,
レイタンス,	豆板,	止水板,	セメント,	給熱

解　答

問１ **答**（イ）漏水　（ロ）レイタンス　（ハ）粗　（ニ）吸水
（ホ）止水板

（1）打継目は，構造上の欠陥になりやすく，漏水やひび割れの原因にもなりやすいため，その配置や処理に注意しなければならない。

（2）打継目には，水平打継目と鉛直打継目とがある。いずれの場合にも，新コンクリートを打ち継ぐ際には，打継面のレイタンスや緩んだ骨材粒を完全に取り除き，コンクリート表面を粗にした後，十分に吸水させる。

（3）水密を要するコンクリート構造物の鉛直打継目では，止水板を用いる。

関連項目

打継目の位置	打継目は，できるだけせん断力の小さい位置に設け，打継面を部材の圧縮力の作用方向と直交させる。
打重ね時間間隔	下層のコンクリートに上層のコンクリートを打ち重ねる場合の許容打重ね時間間隔は，外気温が 25℃を超える場合には，2 時間を標準とする。
コンクリートの打込み	コンクリートの打込み中，表面に集まったブリーディング水は，適当な方法で取り除く。
コンクリートの締固め	コンクリートの締固め時に使用する棒状バイブレータは，材料分離の原因となる横移動を目的に使用してはならない。
コンクリートの養生	打込み後のコンクリートは，その部位に応じた適切な養生方法により一定期間は十分な湿潤状態に保たなければならない。
湿潤養生期間	普通ポルトランドセメントを使用する湿潤養生期間は，日平均気温 15℃以上の場合，5 日を標準とする。

穴埋問題

2　コンクリート工

問 2
★★★

コンクリートの打込みにおける型枠の施工に関する次の文章の［　］の（イ）～（ホ）に当てはまる**適切な語句を，次の語句から選び**解答欄に記入しなさい。

(1) 型枠は，フレッシュコンクリートの［(イ)］に対して安全性を確保できるものでなければならない。また，せき板の継目はモルタルが［(ロ)］しない構造としなければならない。

(2) 型枠の施工にあたっては，所定の［(ハ)］内におさまるよう，加工及び組立てを行わなければならない。型枠が所定の間隔以上に開かないように，［(ニ)］やフォームタイなどの締付け金物を使用する。

(3) コンクリート標準示方書に示された，橋・建物などのスラブ及び梁の下面の型枠を取り外してもよい時期のコンクリートの［(ホ)］強度の参考値は 14.0 N/mm^2 である。

[語句]

スペーサ，	鉄筋，	圧縮，	引張り，	曲げ，
変色，	精度，	面積，	季節，	セパレータ，
側圧，	温度，	水分，	漏出，	硬化

解　答

問2 **答**（イ）側圧　（ロ）漏出　（ハ）精度　（ニ）セパレータ
（ホ）圧縮

(1) 型枠は，フレッシュコンクリートの側圧に対して安全性を確保できるものでなければならない。また，せき板の継目はモルタルが漏出しない構造としなければならない。

(2) 型枠の施工にあたっては，所定の精度内におさまるよう，加工及び組立てを行わなければならない。型枠が所定の間隔以上に開かないように，セパレータやフォームタイなどの締付け金物を使用する。

(3) コンクリート標準示方書に示された，橋・建物などのスラブ及び梁の下面の型枠を取り外してもよい時期のコンクリートの圧縮強度の参考値は 14.0 N/mm^2 である。

関 連 項 目

スペーサ	鉄筋のかぶりを正しく保つために，コンクリート製やモルタル製のスペーサを必要な間隔に配置する。
はく離剤の塗布	型枠をはがしやすくするために，はく離剤を塗っておく。
鉄筋の加工	鉄筋は，材質を害しない方法で，常温で加工する。
鉄筋の継手箇所	鉄筋の継手箇所は，構造上弱点になりやすいため，できるだけ，大きな荷重がかかる位置を避け，同一の断面に集まらないようにする。
重ね継手の緊結	鉄筋の重ね継手は，直径 0.8 mm 以上の焼きなまし鉄線で緊結する。
支保工の設計	施工時及び完成後のコンクリート自重による沈下，変形を考慮して，適当な上げ越しを行う。
取外し順序	型枠及び支保工を取り外す順序は，比較的荷重を受けない部分を取り外し，その後残りの重要な部分を取り外す。梁部では底面が最後になる。

穴埋問題

2　コンクリート工

問 3
★★★

レディーミクストコンクリート（JIS A 5308）の受入れ検査に関する次の文章の［　　］の（イ）～（ホ）に当てはまる**適切な語句を，次の語句又は数値から選び**解答欄に記入しなさい。

(1) ［(イ)］が 8 cm の場合，試験結果が± 2.5 cm の範囲に収まればよい。

(2) 空気量は，試験結果が±［(ロ)］%の範囲に収まればよい。

(3) 塩化物イオン濃度試験による塩化物イオン量は，［(ハ)］kg/m^3 以下の判定基準がある。

(4) 圧縮強度は，1 回の試験結果が指定した［(ニ)］の強度値の 85 %以上で，かつ 3 回の試験結果の平均値が指定した［(ニ)］の強度値以上でなければならない。

(5) アルカリシリカ反応は，その対策が講じられていることを，［(ホ)］計画書を用いて確認する。

[語句又は数値]

フロー,	仮設備,	1.0,	スランプ,	1.5,
作業,	0.4,	0.3,	配合,	2.0,
ひずみ,	せん断強度,	0.5,	引張強度,	呼び強度

解　答

問 3 **答**（イ）スランプ　（ロ）1.5　（ハ）0.3　（ニ）呼び強度
（ホ）配合

（1）スランプが 8 cm の場合，試験結果が± 2.5 cm の範囲に収まればよい。

（2）空気量は，試験結果が± 1.5 %の範囲に収まればよい。

（3）塩化物イオン濃度試験による塩化物イオン量は，0.3 kg/m^3 以下の判定基準がある。

（4）圧縮強度は，1 回の試験結果が指定した呼び強度の強度値の 85 %以上で，かつ 3 回の試験結果の平均値が指定した呼び強度の強度値以上でなければならない。

（5）アルカリシリカ反応は，その対策が講じられていることを，配合計画書を用いて確認する。

関 連 項 目

スランプの許容差	スランプ 5 cm 以上 8 cm 未満 ⇒ ± 1.5 cm スランプ 8 cm 以上 18 cm 以下⇒ ± 2.5 cm
スランプの設定	施工できる範囲でできるだけスランプが小さくなるように検討する。
空気量の標準	練上がり時において，コンクリート容積の 4 ～ 7 %程度とする。
AE コンクリート	凍害に対する耐久性がきわめてすぐれているので，厳しい気象作用を受ける場合には，原則として，AE コンクリートを用いる。
ブリーディング	練混ぜ水の一部がコンクリート表面に上昇する現象をブリーディングという。
コンクリート構造物の精度確認	コンクリート標準示方書に示される精度確認のための検査項目は，平面位置，計画高さ，部材の形状寸法の 3 つである。

穴埋問題　3　安全管理

問1　★★

建設工事における高所作業を行う場合の安全管理に関して，労働安全衛生法上，次の文章の［　　］の（イ）～（ホ）に当てはまる**適切な語句又は数値を，次の語句から選び**解答欄に記入しなさい。

(1) 高さが［(イ)］m以上の箇所で作業を行う場合で，墜落により労働者に危険を及ぼすおそれのあるときは，足場を組立てる等の方法により［(ロ)］を設けなければならない。

(2) 高さが［(イ)］m以上の［(ロ)］の端や開口部等で，墜落により労働者に危険を及ぼすおそれのある箇所には，［(ハ)］，手すり，覆い等を設けなければならない。

(3) 架設通路で墜落の危険のある箇所には，高さ［(ニ)］cm以上の手すり又はこれと同等以上の機能を有する設備を設けなくてはならない。

(4) つり足場又は高さが5 m以上の構造の足場等の組立て等の作業については，足場の組立て等作業主任者［(ホ)］を修了した者のうちから，足場の組立て等作業主任者を選任しなければならない。

［語句又は数値］

特別教育,	囲い,	85,	作業床,	3,
待避所,	幅木,	2,	技能講習,	95,
1,	アンカー,	技術研修,	休憩所,	75

解　答

問１ 答（イ）2　（ロ）作業床　（ハ）囲い　（ニ）85
（ホ）技能講習

(1) 高さが 2 m 以上の箇所で作業を行う場合で，墜落により労働者に危険を及ぼすおそれのあるときは，足場を組立てる等の方法により作業床を設けなければならない。
(2) 高さが 2 m 以上の作業床の端や開口部等で，墜落により労働者に危険を及ぼすおそれのある箇所には，囲い，手すり，覆い等を設けなければならない。
(3) 架設通路で墜落の危険のある箇所には，高さ 85 cm 以上の手すり又またはこれと同等以上の機能を有する設備を設けなくてはならない。
(4) つり足場又は高さが 5 m 以上の構造の足場等の組立て等の作業については，足場の組立て等作業主任者技能講習を修了した者のうちから，足場の組立て等作業主任者を選任しなければならない。

関 連 項 目

作業床	幅は 40 cm 以上，つり足場を除く床材間の隙間は 3 cm 以下，つり足場は隙間がないようにする。
防網の設置等	囲い等を設けることが困難なときは，防網を張り，労働者に要求性能墜落制止用器具等を使用される等の措置を講じなければならない。
フックを掛ける位置	要求性能墜落制止用器具のフックは，腰より高い位置に掛けることが望ましい。
昇降設備等の設置	高さまたは深さが 1.5 m を超える箇所で作業を行うときは，作業に従事する労働者が安全に昇降するための設備等を設けなければならない。
地山の掘削作業主任者の選任	掘削面の高さが 2 m 以上となる地山の掘削（ずい道及びたて坑以外の坑の掘削を除く）作業については，地山の掘削作業主任者を選任し，作業を直接指揮させなければならない。

記述問題

1　軟弱地盤対策工法

記述問題の攻略ポイント

軟弱地盤対策工法に関する問題では，示された5つの工法の中から2つを選んで，工法名とその工法の特徴について記述することが求められる。

必須問題なので，しっかり押さえておこう。

工法名	特　徴
表層混合処理工法	石灰，セメントなどの安定材を，軟弱な表層地盤と混合して，地盤の支持力，安定性を増加させ，盛土の安定性及び締固め効率の向上を図る工法。
サンドマット工法	軟弱地盤上に透水性の高い砂や砂礫を敷き均し，盛土内の地下排水層とする工法。盛土内の水位を低下させ，盛土作業に必要な施工機械のトラフィカビリティを確保する。
緩速載荷工法	軟弱地盤を破壊しない範囲で盛土荷重をかけ，圧密進行に伴い増加する地盤のせん断強さを期待しながら，時間をかけてゆっくり盛土を仕上げていく工法。軟弱地盤の処理を行わないので，経済性に優れる。
押え盛土工法	盛土荷重による基礎地盤のすべり破壊の危険がある場合に，本体盛土に先行して側方に押え盛土を構築して，本体盛土の安全性を確保する工法。
掘削置換工法	盛土荷重による地盤の沈下等の影響を受ける範囲の基礎地盤の一部または全部を，良質土と置き換えて改良する工法。軟弱層が比較的浅い場合に用いられ，掘削により軟弱層を除去する。

軽量盛土工法	盛土材を軽量化し，軟弱地盤の沈下の軽減や，地すべり地における盛土荷重の軽減，構造物への作用土圧の軽減を目的とする工法。地下水位の高いところでは，浮上がりについての検討が必要となる。
盛土載荷重工法	建設目的の構造物の荷重と同等か，より大きい荷重を盛土により載荷して，基礎地盤の圧密沈下を促進し，地盤強度を増加させた後に，載荷重を除去して構造物を建設する工法。
サンドドレーン工法	透水性の高い砂を，鉛直に連続して打設することで排水性を確保し，地盤強度を増加させる工法。粘性土の排水距離を短くし，圧密時間を短縮することができる。
深層混合処理工法	石灰，セメントなどの安定材を，軟弱地盤の土と原位置で強制攪拌混合し，地盤中に安定処理土による円柱状の改良体を造成する工法。
地下水位低下工法	ウェルポイントやディープウェルなどで地下水を排水し，地下水位を低下させることで，掘削作業を容易にし，掘削箇所の側面及び底面の破壊や変形を防止する工法。

ちょい足し

発泡スチロールブロック工法

大型の発泡スチロールブロックを盛土材として積み重ねる工法で，軽量盛土工法の１つである。

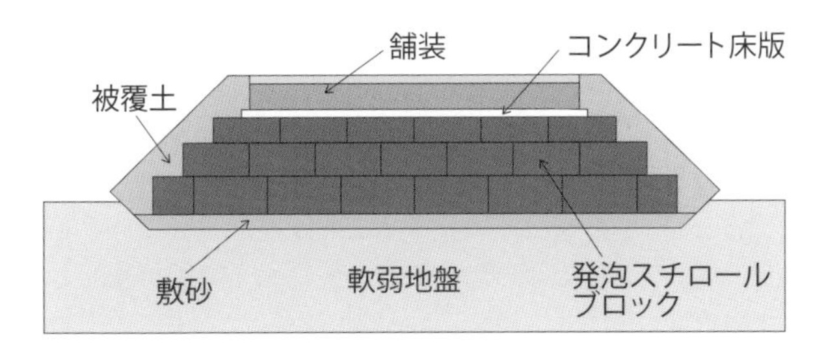

記述問題

2　法面保護工

記述問題の攻略ポイント

法面保護工の問題では，示された工法から２つを選んで，その工法の目的または特徴を記述させる問題や，工法名を５つ記入させる問題，工法名とその目的または特徴を記述させる出題例がある。

いずれも必須問題なので，しっかり押さえておこう。

植生による法面保護工

工法名	目的と特徴
種子散布工	浸食防止，凍上崩壊防止を目的とし，比較的法面勾配が緩く，透水性のよい安定した法面に適する。
客土吹付工	浸食防止，凍上崩壊防止を目的とし，切土法面に適し，急勾配の法面での施工が可能である。
張芝工	浸食防止，凍上崩壊防止を目的とし，完成と同時に保護効果が期待できるため，浸食されやすい法面に適する。
植生マット（シート）工	浸食防止，凍上崩壊防止を目的とし，マットやシートによる保護効果があり，芝が生育する間においても法面の安定が図れる。
植生筋工 筋芝工	盛土法面の浸食防止を目的とし，野芝を用いる場合は，野芝の生育が遅いため，法面の土羽打ちにより十分締め固めるとともに，施肥を必要とする。
植生土嚢工	不良土，硬質土法面の浸食防止を目的とし，袋に包まれているため流出が少なく，地盤に密着しやすい。

構造物による法面保護工

工法名	目的と特徴
編柵工（あみしがらこう）	法面表層部の浸食や湧水による土砂流出の抑制を目的とし，完成と同時に保護効果が期待できる。
蛇かご工	法面表層部の浸食や湧水による土砂流出の抑制を目的とし，普通蛇かごとふとん蛇かごがあり，ふとん蛇かごは，土留め用として使用される場合が多い。
プレキャスト枠工	浸食防止や緑化を目的とし，浸食されやすい切土法面，植生が適さない箇所，植生を行っても表面が剝落するおそれがある場合などに用いられる。
モルタル（コンクリート）吹付工	亀裂の多い岩の法面の風化防止，法面の剝落，崩壊の防止を目的とし，圧縮空気により吹付けることで，打込み，締固めが型枠なしで施工できる。
石張工 ブロック張工	風化，浸食および軽微な剝離，崩壊の防止を目的とし，一般に直高 5 m 以内，法長 7 m 以内の場合に用いられる。石張工は，石材の緊結が難しいため，緩勾配で用いる。
コンクリート張工	法面表層部の崩落防止，多少土圧を受けるおそれのある箇所の土留め，岩盤の剝落防止を目的とし，法枠工やモルタル吹付工では法面の安定が確保できない場合に用いる。
現場打ちコンクリート枠工	法面表層部の崩落防止，多少土圧を受けるおそれのある箇所の土留め，岩盤の剝落防止を目的とし，湧水を伴う風化岩や法面の安定性に不安がある長大な法面，コンクリートブロックでは崩落のおそれのある箇所に用いられる。

記述問題

3　コンクリート

記述問題の攻略ポイント

コンクリートの用語に関する問題では，示された用語の中から２つを選んで，その用語の説明について記述することが求められる。

必須問題なので，しっかり押さえておこう。

用　語	説　明
AE コンクリート	AE 剤等を用いて微細な空気泡を含ませたコンクリート。寒中コンクリートには，単位水量が少なくてすむAE コンクリートを用いる。
AE 剤	コンクリート中に微細な空気泡を一様に分布させる混和剤。ワーカビリティーの向上，ブリーディングやレイタンスの減少，凍結や融解に対する抵抗性の増大などの効果がある。
エントレインドエア	AE 剤や AE 減水剤等によって，コンクリート中に連行された空気泡。
かぶり	コンクリート表面から鉄筋までの最短距離をかぶり厚さといい，かぶりコンクリートは，鉄筋の発錆防止，鉄筋の耐火性の確保，鉄筋の座屈防止などの役割を果たす。
急結剤	コンクリートの凝結時間を著しく短くし，早期強度を増進するために，主として吹付けコンクリートに用いる混和剤。
コールドジョイント	先に打ち込んだコンクリート層と，後から打ち込んだコンクリート層が一体化しないでできた継目。構造物の強度，水密性，耐久性を低下させる原因となる。

コンシステンシー	フレッシュコンクリート，フレッシュモルタル及びフレッシュペーストの変形または流動に対する抵抗性。減水剤，AE 剤を使用すると，コンクリートのコンシステンシーは減少する。
スランプ	フレッシュコンクリートの軟らかさの程度を示す指標の1つで，スランプコーンを引き上げた直後に測った頂部からの下がりで表す。
タンピング	床（スラブ）または舗装用コンクリートに対し，打ち込んでから固まるまでの間に，その表面をたたいて密実にする行為。
ブリーディング	フレッシュコンクリート及びフレッシュモルタルにおいて，固体材料の沈降または分離によって，練混ぜ水の一部が遊離して上昇する現象。
マスコンクリート	質量や体積の大きいコンクリートのことをいい，ダムや大規模な構造物に使用される。水和熱による温度上昇が大きく，ひび割れに注意が必要である。
呼び強度	JIS A 5308「レディーミクストコンクリート」に規定する強度の区分で，圧縮強度試験の判定基準となる。
流動化剤	あらかじめ練り混ぜられたコンクリートに添加し，攪拌することによって，その流動性を増大させることを主たる目的とする混和剤。
レイタンス	コンクリートの打込み後，ブリーディングに伴い，内部の微細な粒子が浮上し，コンクリート表面に形成するぜい弱な物質の層。
ワーカビリティー	材料分離を生じることなく，運搬，打込み，締固め，仕上げなどの作業が容易にできる程度を表すフレッシュコンクリートの性質。

記述問題

4　工程管理

問1

★★

図のようなプレキャストボックスカルバートを築造する場合，施工手順に基づき**工種名を記述し，横線式工程表（バーチャート）を作成し，全所要日数**を求め解答欄に記述しなさい。

各工種の作業日数は次のとおりとする。

・床掘工５日　・養生工７日　・残土処理工１日　・埋戻し工３日

・据付け工３日　・基礎砕石工３日　・均しコンクリート工３日

ただし，床掘工と次の工種及び据付け工と次の工種はそれぞれ１日間の重複作業で行うものとする。

また，解答用紙に記載されている工種は施工手順として決められたものとする。

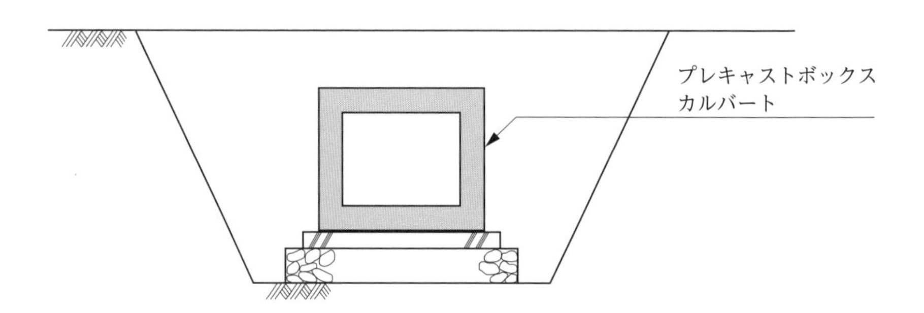

解　答

プレキャストボックスカルバート築造の施工手順

床掘工（地盤を所定の深さまで掘り下げる）

↓

基礎砕石工（根切り底に砕石を敷く）

↓

均しコンクリート工（基礎砕石の上に均しコンクリートを打設する）

↓

養生工（均しコンクリートの養生を行う）

↓

据付け工（プレキャストボックスカルバートを据え付ける）

↓

埋戻し工（埋戻し材を投入し，締め固める）

↓

残土処理工（残土を敷地外へ排出する）

答

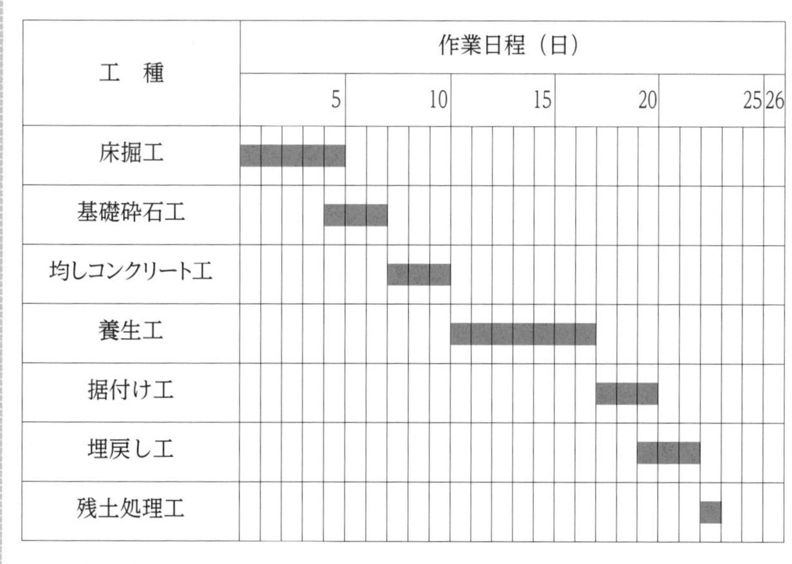

工　種	作業日程（日）																									
					5					10					15					20					25	26
床掘工	■	■	■	■	■																					
基礎砕石工					■	■	■																			
均しコンクリート工								■	■	■																
養生工											■	■	■	■	■	■	■									
据付け工																		■	■	■						
埋戻し工																				■	■	■				
残土処理工																							■			

全所要日数　23日

記述問題　5 安全管理

問1 ★★★

下図のような道路上で架空線と地下埋設物に近接して水道管補修工事を行う場合において，工事用掘削機械を使用する際に次の項目の事故を防止するため**配慮すべき具体的な安全対策**について，それぞれ1つ解答欄に記述しなさい。

(1) 架空線損傷事故

(2) 地下埋設物損傷事故

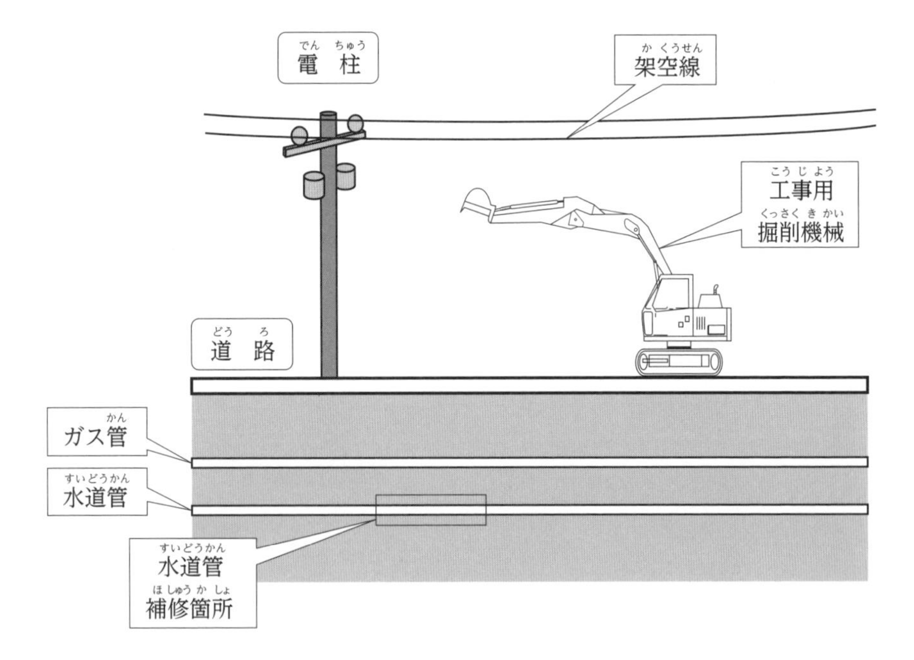

解答例

（1）架空線損傷事故

- 施工に先立ち工事現場における全ての架空線等上空施設について現地調査を実施し，種類，位置（場所，高さ等）及び施設管理者を確認するとともに，監督職員に報告する。
- 必要に応じて施設管理者に施工方法の確認や立会いを求める。
- 架空線等と機械，工具材料等について，施設管理者に確認の上，安全な離隔を確保する。
- 建設機械のオペレーター，運転手，監視人に対し，架空線等上空施設の種類, 位置（場所, 高さ等）についてあらかじめ情報を共有する。
- 架空線等上空施設に防護カバーを設置する。
- 架空線等上空施設の位置を明示する看板等を設置する。
- ブームの回転に対するストッパーを使用させる。
- 建設機械ブーム等の旋回・立入り禁止区域等を設定する。
- 監視人を配置する。

（2）地下埋設物損傷事故

- 設計図書等の内容をよく確認し，地下埋設物の確認方法及びその取扱い方法について施工計画書に明示し，埋設物責任者を配置する。
- 埋設位置が明らかで埋設物管理者が試掘は不要と判断した場合を除き, 埋設物管理者及び監督職員の協力（必要に応じて立会）を得て，試掘を行う。
- 埋設状況が明らかである場合を除き，埋設物管理者及び監督職員の協力（必要に応じて立会）を得て，埋設物の確認を行う。
- 工事関係者に埋設位置を周知させるため，確認位置には杭や旗，ペンキ等で目印を付ける。
- 位置表示した上に，敷鉄板，資材，車両等を置かない。
- 地下埋設物 50 cm 以内の近接作業は，人力作業とする。
- 露出中の埋設物は，カラーテープなどで種別ごとに表示する。

記述問題

6　建設副産物・建設機械

記述問題の攻略ポイント

建設副産物

建設副産物に関する問題では，再資源化後の材料名または主な利用用途などを記入することが求められる。

選択問題だが，覚えておくと得点しやすいので，押さえておこう。

建設副産物	主な利用用途
建設発生土	• 工作物の埋戻し材料 • 土木構造物の裏込め材 • 道路盛土材料　• 宅地造成用材料 • 河川築堤材料　• 水面埋立用材料
コンクリート塊	• 路盤材　• 建築物の基礎材 • コンクリートの骨材
アスファルト・コンクリート塊	• 再生アスファルト • 路盤材
建設発生木材	• 製紙用チップ　• 固形燃料 • 再生木質ボード

建設機械

建設機械に関する問題では，その主な特徴（用途，機能）や，騒音防止のための具体的な対策について記述することが求められる。

必須問題として出題されることもあるので，押さえておこう。

ブルドーザ	トラクタに土工板（ブレード）を取り付けた機械で，掘削，運搬（押土），敷均し，整地，締固めなどに用いられる。

スクレーパ	自走式と被けん引式があり，ボウルという前方と上部が開いた容器で，土砂の掘削，積込み，長距離運搬，敷均しを一貫して行うことができる。
スクレープドーザ	スクレーパとクローラ式ブルドーザを組み合わせたもので，軟弱地における中距離の掘削，運土，撒き出しに適する。
バックホゥ	バケットを車体側に引き寄せて掘削するもので，機械が設置された地盤より低い所を掘るのに適し，水中掘削もできる。
ローディングショベル	大型のショベルを車体から前方に押し出して掘削するもので，固く締まった土質以外のあらゆる掘削，積込み作業に適する。
クラムシェル	ロープに吊り下げられたバケットを，重力により落下させて土をつかみ取る掘削機械で，機械式と油圧式がある。
ドラグライン	ロープで保持されたバケットを，遠心力で遠くに放り投げ，地面に沿って手前に引き寄せながら掘削するもので，機械の設置地盤より低い所を掘るのに適する。
トラクターショベル（ローダ）	ほぐされた土砂や岩石を積み込むための専用機械で，バケットの基本的な形状には刃先が平型のものと山型のものがあり，それぞれに爪付きと爪なしがある。
モーターグレーダ	路面，地表などの平面仕上げを主目的にした，軽切削や材料の混合，敷均し，整形などを行うタイヤ式機械である。前輪と後輪の中間にブレードを装備している。
ロードローラ	最も一般的に使用される締固め機械で，初期転圧に用いられるマカダム形と，仕上げ転圧に用いられるタンデム形がある。
タイヤローラ	アスファルト混合物，路盤，路床の締固めに使用され，タイヤの空気圧やバラストを調整することにより，締固め効果を変化させることができる。
振動ローラ	車輪内の起振機によって転圧輪を振動させながら締め固めることにより，締固め効果が深層まで及ぶため，敷均し厚さを厚くできる。締固め効果が大きく，少ない転圧回数で十分な締固め度が得られる。

記述問題

7　施工経験記述

問題例
★★★

あなたが経験した土木工事の現場において，工夫した安全管理又は工夫した品質管理のうちから１つ選び，次の〔設問 1〕，〔設問 2〕に答えなさい。

〔注意〕あなたが経験した工事でないことが判明した場合は失格となります。

〔設問 1〕　あなたが**経験した土木工事**に関し，次の事項について解答欄に明確に記述しなさい。

〔注意〕「経験した土木工事」は，あなたが工事請負者の技術者の場合は，あなたの所属会社が受注した工事内容について記述してください。従って，あなたの所属会社が二次下請業者の場合は，発注者名は一次下請業者名となります。

なお，あなたの所属が発注機関の場合の発注者名は，所属機関名となります。

(1) 工事名

(2) 工事の内容

①　発注者名

②　工事場所

③　工期

④　主な工種

⑤ **施工量**

(3) 工事現場における施工管理上のあなたの立場

〔設問 2〕 上記工事で実施した**「現場で工夫した安全管理」又は「現場で工夫した品質管理」**のいずれかを選び，次の事項について解答欄に具体的に記述しなさい。

ただし，安全管理については，交通誘導員の配置のみに関する記述は除く。

(1) 特に留意した**技術的課題**

(2) 技術的課題を解決するために**検討した項目と検討理由及び検討内容**

(3) 上記検討の結果，**現場で実施した対応処置とその評価**

施工経験の記述ガイド

第二次検定の**問題 1** は，自ら経験した土木工事において，工夫した工程管理，工夫した品質管理，工夫した安全管理のうちから 1 つを選んで，それについて設問に答える形である。

出題される施工管理の種別は，その年によって異なるが，前年度に出題されなかった種別は，次年度に出題される可能性が高い。まれに環境対策が出題されることもある。

〔設問 1〕では，自ら経験した土木工事に関して，工事名，工事の内容，工事現場における施工管理上の立場，**〔設問 2〕**では，「特に留意した技術的課題」，「技術的課題を解決するために検討した項目と検討理由及び検討内容」，「検討の結果，現場で実施した対応処置とその評価」についての記述が求められる。

ここでは,〔設問 1〕の書き方と,〔設問 2〕のポイントをアドバイスしよう。

〔設問 1〕

(1) 工事名

工事名は，土木工事であることが明確になるように記述する。

例　○○県道××線△△地区舗装工事

　　○○ビル新築工事に伴う基礎工事

(2) 工事の内容

①　発注者名

発注者名は，自分の所属がどこに当たるかによって異なる。

例　発注者に所属する場合：○○県××事務所　等

　　元請会社に所属する場合：○○県××事務所　等

　　一次下請会社に所属する場合：○○建設株式会社××支店　等

　　二次下請会社に所属する場合：○○土建株式会社　等

②　工事場所

工事場所は，都道府県名から番地までを記入する。なお，番地が不明な場合は,「地内」と記入する。

例　○○県××市△△町□丁目□番−□

　　○○県××市△△町地内　等

③　工期

工期は，開始日と終了日の両方に年号または西暦を入れて記入する。

例　○○年○月○日～××年×月×日

④　主な工種

主な工種は, 工事の内容が明確にわかる程度の２～３工種名を記入する。

例　舗装工事の場合：セメント安定処理路盤工，アスファルト舗装工

　　河川工事の場合：築堤工，護岸工，根固工　等

⑤　施工量

施工量は，主な工種の施工量を，規格，単位等まで記入する。

例　• 鋼管杭 A タイプ ϕ 800 t = 10 L = 16.5 m　○本
　　• 継手部材（等辺山形鋼）200 × 200 t = 20 L = 13.0 m　○枚
　　• 掘削工　○○ m^3
　　• コンクリート打設　24-8-25BB　○○ m^3　等

(3) 工事現場における施工管理上のあなたの立場

施工管理における指導監督者としての立場を記入する。

例　工事主任，現場代理人，主任技術者，発注者監督員　等

〔設問 2〕

(1) 特に留意した技術的課題

特に留意した技術的課題では，実際の現場状況から，問題が生じるおそれがあった事柄などを取り上げよう。まず，工事の概要を説明し，具体的な現場状況と，そこから浮かび上がる問題点を，具体的にわかりやすく説明しよう。

(2) 技術的課題を解決するために検討した項目と検討理由及び検討内容

技術的課題を解決するために検討した項目と，その検討理由，検討内容については，その後の対応処置に結び付く検討項目を取り上げよう。(1) で述べた技術的課題の解決方法として検討した内容を，その理由とともにわかりやすく記述しよう。検討内容は，箇条書きにしてもよい。

(3) 上記検討の結果，現場で実施した対応処置とその評価

(2) の検討内容を踏まえて，実際に行った対応処置について，具体的な数値等を示して，その結果とともに記述しよう。評価については，(1) で取り上げた技術的課題が最終的に解決できたことを示そう。

さくいん

【数字・アルファベット】

【あ行】

【か行】

【さ行】

【た行】

【な行】

さくいん

【は行】

【ま行】

【や行】

【ら行】

【わ行】

- 本書の内容に関する質問は、オーム社ホームページの「サポート」から、「お問合せ」の「書籍に関するお問合せ」をご参照いただくか、または書状にてオーム社編集局宛にお願いします。お受けできる質問は本書で紹介した内容に限らせていただきます。なお、電話での質問にはお答えできませんので、あらかじめご了承ください。
- 万一、落丁・乱丁の場合は、送料当社負担でお取替えいたします。当社販売課宛にお送りください。
- 本書の一部の複写複製を希望される場合は、本書扉裏を参照してください。

2023年版 2級土木施工管理技術検定 一次・二次検定 標準問題集

2023年2月15日　　第1版第1刷発行

編著者　コンデックス情報研究所
発行者　村上和夫
発行所　株式会社 オーム社
郵便番号　101-8460
東京都千代田区神田錦町3-1
電話　03(3233)0641(代表)
URL https://www.ohmsha.co.jp/

組版　コンデックス情報研究所　　印刷・製本　三美印刷
ISBN978-4-274-23020-2　Printed in Japan